Konrad Lorenz

Die acht Todsünden der zivilisierten Menschheit

SERIE PIPER
Band 50

Zu diesem Buch

Konrad Lorenz untersucht Vorgänge der Dehumanisierung, die nicht nur unsere heutige Zivilisation und Kultur, sondern die Menschheit als Ganzes mit dem Untergang bedrohen: die Überbevölkerung der Erde, die Verwüstung des natürlichen Lebensraums, den Wettlauf des Menschen mit sich selbst im Drange der technologischen Entwicklung, den Schwund starker Gefühle durch Verweichlichung, den genetischen Verfall, das Abreißen der Tradition, die zunehmende Indoktrinierbarkeit, die Aufrüstung durch Kernwaffen u. a. Lorenz warnt eindringlich vor Mißverständnissen und Fehlverhalten aus einer »pseudodemokratischen Doktrin«, wonach unser soziales und moralisches Verhalten ausschließlich durch die Umwelt »konditioniert« werde. Er legt dar, wie und in welchem Ausmaß das Verhalten des Menschen durch die stammesgeschichtliche Entwicklung beeinflußt und bestimmt wird.

Konrad Lorenz, geboren am 7. 11. 1903 in Wien, gestorben am 27. 2. 1989 in Wien, Professor Dr. med. phil., Studium der Medizin und Zoologie, 1940 o. Professor für vergleichende Psychologie in Königsberg. 1950 bis 1973 Direktor am Max-Planck-Institut für Verhaltensphysiologie in Buldern und später in Seewiesen. Danach Leiter des »Konrad-Lorenz-Instituts« der Österreichischen Akademie der Wissenschaften. 1973 Nobelpreis für Medizin und Physiologie. Zahlreiche internationale Auszeichnungen. Veröffentlichungen im Piper Verlag u.a.: Über tierisches und menschliches Verhalten (2 Bde.); Das Wirkungsgefüge der Natur und das Schicksal des Menschen; Die Rückseite des Spiegels; Das Jahr der Graugans; Leben ist Lernen (mit Franz Kreuzer); Der Abbau des Menschlichen; Die Zukunft ist offen (mit Karl R. Popper); Das sogenannte Böse; Er redete mit dem Vieh, den Vögeln und den Fischen; So kam der Mensch auf den Hund; Hier bin ich – wo bist du?; Wozu aber hat das Vieh diesen Schnabel? (mit Oskar Heinroth).

Konrad Lorenz

Die acht Todsünden der zivilisierten Menschheit

Piper
München Zürich

Von Konrad Lorenz liegen in der Serie Piper außerdem vor:

Leben ist Lernen (mit Franz Kreuzer) (223)
Das Wirkungsgefüge der Natur und das Schicksal des Menschen (309)
Die Zukunft ist offen (mit Karl R. Popper) (340)
Über tierisches und menschliches Verhalten. Bd. I (360)
Über tierisches und menschliches Verhalten. Bd. II (361)
Der Abbau des Menschlichen (489)
Wozu aber hat das Vieh diesen Schnabel? (mit Oskar Heinroth) (975)

ISBN 3-492-10050-3
Originalausgabe Februar 1973
22. Auflage, 466.–480. Tausend Juli 1990

Umschlag: Federico Luci,
Umschlagfoto: Süddeutscher Verlag, Bilderdienst
Gesamtherstellung: Clausen & Bosse, Leck
Printed in Germany

Inhalt

Optimistisches Vorwort

Die vorliegende Abhandlung ist für die Festschrift geschrieben worden, die zum 70. Geburtstag meines Freundes Eduard Baumgarten erschien. Ihrem Wesen nach paßt sie eigentlich weder zu einer so freudigen Gelegenheit noch zu der fröhlichen Natur des Jubilars, denn sie ist eingestandenermaßen eine Jeremiade, eine an die ganze Menschheit gerichtete Aufforderung zu Reue und Umkehr, von der man meinen könnte, daß sie einem Bußprediger, wie dem berühmten Wiener Augustiner Abraham a Santa Clara, besser anstünde als einem Naturforscher. Wir leben aber in einer Zeit, in der es der Naturforscher ist, der gewisse Gefahren besonders klar zu sehen vermag. So wird ihm das Predigen zur Pflicht.

Meine Predigt, die über den Rundfunk verbreitet wurde, fand einen Widerhall, der mich erstaunt hat. Ich bekam unzählige Briefe von Leuten, die nach dem gedruckten Text verlangten, und schließlich wurde ich von meinen besten Freunden kategorisch aufgefordert, die Schrift einem weiten Leserkreis zugänglich zu machen.

Das alles ist an sich schon dazu angetan, den Pessimismus Lügen zu strafen, der aus jener Schrift zu sprechen scheint: Der Mann, der da offensichtlich der Meinung war, einsam in der Wüste zu predigen, sprach, wie sich herausstellt, vor einer zahlreichen und durchaus verständigen Hörerschaft! Mehr noch: Beim Wiederlesen meiner Worte fallen mir mehrere Aussagen auf, die schon zur Zeit der Niederschrift ein wenig übertrieben, heute aber schon nicht mehr wahr sind. So steht S. 98, daß die Ökologie eine Wissenschaft sei, deren Bedeutung nicht genügend anerkannt werde. Das kann man heute wirklich nicht mehr behaupten, denn unsere bayerische »Gruppe Ökologie« findet erfreulicherweise bei den verantwortlichen

Stellen Gehör und Verständnis. Die Gefahren der Übervölkerung und der Wachstums-Ideologie werden von einer rasch wachsenden Zahl vernünftiger und verantwortlicher Menschen richtig eingeschätzt. Gegen die Verwüstung des Lebensraumes werden allenthalben Maßnahmen ergriffen, die zwar bei weitem nicht ausreichend sind, aber die Hoffnung erwekken, es bald zu werden.

Noch in anderer Hinsicht muß ich meine Aussagen in einer erfreulichen Richtung korrigieren. Ich schrieb bei Besprechung der behavioristischen Doktrin, daß sie »unzweifelhaft einen erklecklichen Teil der Schuld an dem drohenden moralischen und kulturellen Zusammenbruch der Vereinigten Staaten« trage. Inzwischen sind in den Vereinigten Staaten selbst eine Reihe von Stimmen laut geworden, die dieser Irrlehre höchst energisch entgegentreten. Noch werden sie mit allen Mitteln bekämpft, aber sie werden *gehört*, und die Wahrheit kann man nur dadurch auf die Dauer unterdrücken, daß man sie verstummen macht. Die epidemischen Geisteskrankheiten der Gegenwart pflegen, aus Amerika kommend, in Europa mit einiger Verspätung aufzutreten. Während der Behaviorismus in Amerika im Abflauen ist, grassiert er neuerdings unter europäischen Psychologen und Soziologen. Es ist voraussagbar, daß die Epidemie abklingen wird.

Schließlich möchte ich noch zur Feindschaft zwischen den Generationen einen kleinen berichtigenden Zusatz machen. Wenn sie nicht politisch verhetzt oder überhaupt unfähig sind, einem älteren Menschen irgend etwas zu glauben, haben die heutigen jungen Leute offene Ohren für die grundlegenden biologischen Wahrheiten. Es ist durchaus möglich, revolutionäre Jugendliche von der Wahrheit des im VII. Abschnitt dieses Büchleins Gesagten zu überzeugen.

Es wäre überheblich, zu glauben, daß das, was man selbst sicher weiß, nicht auch den meisten anderen Menschen verständlich gemacht werden kann. Alles, was in diesem Buch steht, ist viel leichter zu verstehen als z. B. Integral- und Differentialrechnung, die jeder Oberschüler lernen muß. Jede Gefahr verliert viel von ihrer Schrecklichkeit, wenn ihre Ursachen erkannt sind. So glaube und hoffe ich, daß dieses Büchlein ein wenig beitragen kann zur Verminderung der die Menschheit bedrohenden Gefahren.

Seewiesen 1972 Konrad Lorenz

I. Struktureigenschaften und Funktionsstörungen lebender Systeme

Ethologie kann als derjenige Wissenszweig definiert werden, der entstand, indem man die in allen anderen biologischen Disziplinen seit Charles Darwin selbstverständlichen und obligatorischen Fragestellungen und Methoden auch in der Erforschung des tierischen und menschlichen Verhaltens anwandte. Daß dies erst so merkwürdig spät geschah, hat seine Gründe in der Geschichte der Verhaltensforschung, die wir im Abschnitt über Indoktrinierung noch streifen werden. Die Ethologie behandelt also das tierische wie das menschliche Verhalten als die Funktion eines *Systems*, das seine Existenz wie seine besondere Form einem *historischen* Werdegang verdankt, der sich in der Stammesgeschichte, in der Entwicklung des Individuums und, beim Menschen, in der Kulturgeschichte abgespielt hat. Die echt kausale Frage, *warum* ein bestimmtes System so und nicht anders beschaffen sei, kann seine legitime Antwort nur in der natürlichen Erklärung dieses Werdegangs finden.

Unter den Ursachen allen organischen Werdens spielt, neben den Vorgängen der Mutation und der Neukombination von Genen, die natürliche Zuchtwahl, die *Selektion* die wichtigste Rolle. Sie bewirkt das, was wir *Anpassung* nennen, einen echt kognitiven Prozeß, durch den sich der Organismus Information einverleibt, die in der Umwelt vorhanden und für sein Überleben von Bedeutung ist, m. a. W. durch den er *Wissen* über die Umwelt erwirbt.

Das Vorhandensein durch Anpassung entstandener Strukturen und Funktionen ist für Lebewesen charakteristisch, in der anorganischen Welt gibt es nichts dergleichen. Es zwingt damit dem Forscher eine Frage auf, die der Physiker und der

Chemiker nicht kennen, die Frage »wozu?«. Wenn der Biologe so fragt, sucht er nicht nach teleologischer Sinndeutung, sondern, bescheidener, nur nach der arterhaltenden Leistung eines Merkmals. Wenn wir fragen, wozu die Katze krumme Krallen habe, und antworten: »zum Mäusefangen«, so ist dies nur eine Kurzfassung der Frage, welche arterhaltende Leistung der Katze diese Form von Krallen angezüchtet habe.

Wenn man ein langes Forscherleben damit verbracht hat, diese Frage wieder und immer wieder und in bezug auf die merkwürdigsten Strukturen und Verhaltensweisen zu stellen, und wenn man wieder und immer wieder eine überzeugende Antwort auf sie bekommen hat, neigt man zu der Meinung, daß komplexe und generell unwahrscheinliche Bildungen von Körperbau und Verhalten überhaupt nie anders als durch Selektion und Anpassung zustande kommen. An dieser Meinung könnte man nun irre werden, wenn man mit der Frage »wozu?« an bestimmte, regelmäßig zu beobachtende Verhaltensweisen zivilisierter Menschen herantritt. Wozu dient der Menschheit ihre maßlose Vermehrung, ihre sich bis zum Wahnsinn steigernde Hast des Wettbewerbs, die zunehmende, immer schrecklicher werdende Bewaffnung, die fortschreitende Verweichlichung des verstädterten Menschen usw. usf. Bei näherer Betrachtung aber zeigt sich, daß so gut wie alle diese Fehlleistungen Störungen ganz bestimmter, ursprünglich sehr wohl einen Arterhaltungswert entwickelnder Verhaltens-Mechanismen sind. Mit anderen Worten, sie sind als *pathologisch* aufzufassen.

Die Analyse des organischen Systems, das dem sozialen Verhalten des Menschen zugrunde liegt, ist die schwierigste und ehrgeizigste Aufgabe, die sich die Naturwissenschaft stellen kann, denn dieses System ist bei weitem das komplexeste auf Erden. Man könnte meinen, daß dieses ohnehin so schwierige Unterfangen dadurch vollends zur Unmöglichkeit werde, daß das Verhalten des Menschen in vielfacher und unvoraussagbarer Weise durch pathologische Erscheinungen überlagert und verändert wird. Glücklicherweise ist dem nicht so. Weit davon entfernt, ein unüberwindliches Hindernis für die Analyse eines organischen Systems zu sein, ist seine pathologische Störung sehr oft der Schlüssel zu seinem Verständnis. Aus der Geschichte der Physiologie kennen wir viele Fälle, in denen der Forscher auf die Existenz eines wichtigen organischen Systems überhaupt erst dadurch aufmerksam gemacht wurde, daß eine pathologische Störung Krankheit hervorrief. Als E. T. Kocher den Versuch machte, die sogenannte Basedowsche Krankheit durch Entfernen der Schilddrüse zu heilen, erzeugte er zunächst Tetanie, Krämpfe, weil er die Nebenschilddrüsen, die den Kalkstoffwechsel regulieren, mitgenommen hatte. Als er diesen Fehler korrigiert hatte, erzeugte er durch die immer noch zu radikale Maßnahme der Schilddrüsen-Exstirpation einen Symptomenkomplex, den er Kachexia thyreopriva nannte und der gewisse Ähnlichkeiten mit einer in Alpentälern mit jod-armen Quellen häufigen Form der Idiotie, dem Myxödem, aufwies. Aus diesen und ähnlichen Befunden ergab sich, daß die Drüsen mit innerer Sekretion ein System bilden, in dem buchstäblich alles mit allem in ursächlicher Wechselwirkung steht. Jede der ins Blut entleerten Ausscheidungen der endokrinen Drüsen übt eine ganz bestimmte Wirkung auf den Gesamtorganismus aus, die Stoffwechsel, Wachstumsvorgänge, Verhalten und anderes betreffen kann. Sie werden deshalb Hormone (von griechisch hormao = ich treibe) genannt. Die Wirkungen zweier Hormone können einander genau entgegengesetzt sein, sie sind »antagonistisch«, genau wie die Wirkungen zweier Muskeln es sein können, deren Zusammenspiel die erwünschte Stellung eines Gelenkes bewirkt und aufrechterhält. Solange das hormonale Gleichgewicht aufrechterhalten bleibt, merkt man nichts davon, daß das System der endokrinen Drüsen aus Teilfunktionen aufgebaut ist. Wird aber die Harmonie der Wirkungen und Gegenwirkungen auch nur um ein weniges gestört, so weicht der Gesamtzustand des Organismus vom erwünschten »Sollwert« ab, das heißt, er wird krank. Ein Zuviel an Schilddrüsenhormon erzeugt die Basedowsche Krankheit, ein Zuwenig das Myxödem.

Das System der endokrinen Drüsen und die Geschichte seiner Erforschung liefert uns wertvolle Hinweise, wie wir bei unserem Versuch, das Gesamt-System der menschlichen Antriebe zu verstehen, am besten vorgehen sollten. Selbstverständlich ist dieses System um sehr viel komplexer gebaut, muß es schon deshalb sein, weil es das der endokrinen Drüsen als Unter-System mit in sich schließt. Der Mensch besitzt ganz offensichtlich eine ungeheuer große Zahl unabhängiger Quellen des Antriebes, von denen sich sehr viele auf phylogenetisch entstandene Verhaltens-Programme, auf »Instinkte«, zurückführen lassen. Es ist irreführend, den Menschen als das »Instinkt-Reduktionswesen« zu bezeichnen, wie ich das früher getan habe. Es ist zwar richtig, daß lange, in sich geschlossene Ketten angeborener Verhaltensweisen im Laufe einer stammesgeschichtlichen Höherentwicklung von Lernfähigkeit und Einsicht sich in dem Sinne »auflösen« können, daß die obligate Koppelung zwischen ihren Teilen verlorengeht, so daß diese Stücke dem handelnden Subjekt unabhängig zur Verfügung stehen, wie P. Leyhausen an katzenartigen Raubtieren überzeugend dargetan hat. Gleichzeitig damit aber wird jedes dieser verfügbar gemachten Stücke, wie ebenfalls Leyhausen zeigte, zum autonomen Antrieb, indem es ein eigenes, nach seiner Ausführung strebendes Appetenzverhalten entwickelt. Zweifellos fehlen dem Menschen lange Ketten obligatorisch aneinandergekoppelter Instinktbewegungen, aber soweit man aus den an hochentwickelten Säugetieren gewonnenen Ergebnissen extrapolieren darf, kann man vermuten, daß er nicht über weniger, sondern über mehr echt instinktive Antriebe verfügt als irgendein Tier. Auf alle Fälle müssen wir bei dem Versuch der Systemanalyse mit dieser Möglichkeit rechnen.

Besonders wichtig ist dies bei der Beurteilung von offensichtlich pathologisch gestörtem Verhalten. Der allzufrüh verstorbene Psychiater Ronald Hargreaves schrieb mir in einem seiner letzten Briefe, er habe es sich zur methodischen Gewohnheit gemacht, bei jedem Versuch, eine geistige Störung zu verstehen, *zwei* Fragen gleichzeitig zu stellen. Erstens die, welches wohl die normale, arterhaltende Leistung des im vorliegenden Falle gestörten Systems sei, und zweitens die, welcher Art die Störung sei, insbesondere ob sie durch Über- oder durch Unterfunktion eines Teilsystems verursacht werde. Die Teilsysteme einer komplexen organischen Ganzheit stehen in so inniger Wechselwirkung, daß es oft schwer ist, ihre Funktionen gegeneinander abzugrenzen, von denen keine in ihrer normalen Form ohne sämtliche anderen denkbar ist. Ja, nicht einmal die Strukturen von Teilsystemen sind immer klar definierbar. In diesem Sinne ist es zu verstehen, wenn Paul Weiss in seiner geistvollen Schrift ›Determinism Stratified‹ von untergeordneten Systemen sagt: »Ein System ist alles, was einheitlich genug ist, um einen Namen zu verdienen.«

Der menschlichen Antriebe, die einheitlich genug sind, daß sich in der Umgangssprache ein Name für sie findet, gibt es sehr viele. Worte wie Haß, Liebe, Freundschaft, Zorn, Treue, Anhänglichkeit, Mißtrauen, Vertrauen usw. usf. bezeichnen sämtlich Zustände, die den Bereitschaften zu ganz bestimmten Verhaltensweisen entsprechen, nicht anders als dies die von der wissenschaftlichen Verhaltensforschung geprägten Ausdrücke ebenfalls tun, wie Aggressivität, Rangordnungsstreben, Territorialität usw. sowie alle mit -stimmung zusammengesetzten Termini, Brut-, Balz- oder Flugstimmung usw. Wir dürfen der Feinfühligkeit, die unsere natürlich gewordene Sprache für tiefe, psychologische Zusammenhänge hat, ein ähnliches Vertrauen entgegenbringen wie der Intuition wissenschaftlicher Tierbeobachter und – zunächst nur als Arbeitshypothese – annehmen, daß jeder dieser Bezeichnungen für menschliche Seelenzustände und Handlungsbereitschaften ein reales Antriebs-System entspricht, wobei es vorläufig unwesentlich ist, zu welchen Anteilen der betreffende Antrieb seine Kraft aus phylogenetischen oder aus kulturellen Quellen schöpft. Wir dürfen annehmen, daß jeder dieser Antriebe ein Glied eines wohlgeordneten, harmonisch arbeitenden Systems und als solches *unentbehrlich* sei. Die Frage, ob Haß, Liebe, Treue, Mißtrauen usw. »gut« oder »schlecht« seien, ist ohne jedes Verständnis für die Systemfunktion dieses Ganzen gestellt und genauso dumm, als früge einer, ob die Schilddrüse nun gut oder schlecht sei. Die landläufige Vorstellung, daß man derartige Leistungen in gute und schlechte einteilen könne, daß Liebe, Treue und Vertrauen an sich gut, Haß, Untreue und Mißtrauen an sich böse seien, stammt nur daher, daß in unserer Gesellschaft im allgemeinen an den ersten Mangel, an den zweiten Überschuß herrscht. Zu große Liebe verdirbt unzählige hoffnungsvolle Kinder, zum verabsolutierten Selbstwert erhobene »Nibelungentreue« hat infernalische Wirkungen gezeitigt, und Erik Erikson hat jüngst in zwingender Argumentation die Unentbehrlichkeit des Mißtrauens demonstriert.

Eine Struktureigenschaft aller höher integrierten organischen Systeme ist die der Regelung durch sogenannte Regelkreise oder Homöostasen. Um sich ihre Wirkung klarzumachen, stelle man sich zunächst ein Wirkungsgefüge vor, das aus einer Anzahl von Systemen besteht, die einander in ihrer Funktion verstärken, und zwar so, daß das System a die Wirkung von b, b die von c usw. unterstützt, bis zuletzt z seinerseits eine verstärkende Wirkung auf die Leistung von a ausübt. Ein solcher Kreis »positiver Rückkoppelung« kann sich bestenfalls im labilen Gleichgewicht befinden, die kleinste Verstärkung einer einzigen Wirkung muß zum lawinenhaften Anschwellen sämtlicher Systemfunktionen führen und umgekehrt die kleinste Verminderung zum Verebben sämtlicher Aktivität. Man kann, wie die Technik längst herausgefunden hat, ein solches labiles System dadurch in ein stabiles verwandeln, daß man in den Kreisprozeß ein einziges Glied einführt, dessen Einwirkung auf das in der Wirkungskette folgende um so schwächer wird, je stärker es seitens des vor ihm eingeschalteten beeinflußt wird. So entsteht ein Regelkreis, eine Homöostase oder »negatives Feedback«, wie man es auf schlecht deutsch zu nennen pflegt. Er ist einer der wenigen Vorgänge, die von den Technikern erfunden wurden, ehe sie von der Naturforschung im Bereich des Organischen entdeckt worden waren.

In der lebenden Natur gibt es unzählige Regelkreise. Sie sind für die Erhaltung des Lebens so unentbehrlich, daß man sich seine Entstehung kaum ohne die gleichzeitige »Erfindung« des Regelkreises vorstellen kann. Kreise positiver Rückkoppelung findet man in der Natur so gut wie nicht oder höchstens in einem rasch anwachsenden und ebenso rasch sich erschöpfenden Ereignis, wie in einer Lawine oder einem Steppenbrand. An diese erinnern auch manche pathologischen Störungen menschlichen Gesellschaftslebens, bei denen einem in den Sinn kommt, was Friedrich Schiller in der »Glocke« von des Feuers Macht sagt: »Doch wehe, wenn sie losgelassen!«

Die negative Rückkoppelung des Regelkreises macht es unnötig, daß die Wirkung jedes einzelnen der an ihm beteiligten Untersysteme genau auf ein bestimmtes Maß festgelegt ist. Eine geringe Über- oder Unterfunktion wird leicht wieder ausgeglichen. Zur gefährlichen Störung der Systemganzheit kommt es nur dann, wenn eine Teilfunktion bis zu einem Maße gesteigert oder vermindert ist, das die Homöostase nicht mehr auszugleichen vermag, oder aber, wenn am Regelmechanismus selbst etwas nicht in Ordnung ist. Für beides werden wir im Folgenden Beispiele kennenlernen.

II. Übervölkerung

Im Einzelorganismus findet man normalerweise kaum je einen Kreis positiver Rückkoppelung. Nur das Leben als Ganzes darf dieser Maßlosigkeit, bisher scheinbar ungestraft, frönen. Das organische Leben hat sich, als ein Stauwerk seltsamer Art, selbst in den Strom der dissipierenden Weltenergie hineingebaut, es »frißt« negative Entropie, es reißt Energie an sich und wächst damit, und wird durch sein Wachstum instand gesetzt, mehr und mehr Energie an sich zu reißen und dies um so schneller zu tun, je mehr es schon errafft hat. Daß dies noch nicht zum Überwuchern und zur Katastrophe geführt hat, liegt daran, daß die mitleidslosen Mächte des Anorganischen, die Gesetze der Wahrscheinlichkeit, die Vermehrung der Lebewesen in Grenzen halten; zweitens aber daran, daß sich innerhalb der verschiedenen Arten der Lebewesen Regelkreise ausgebildet haben. Wie diese wirken, wird im nächsten Kapitel, das von der Zerstörung des irdischen Lebensraumes handelt, kurz erörtert werden. Die maßlose Vermehrung der Menschen als erstes zu besprechen, empfiehlt sich schon deshalb, weil so manche der später zu behandelnden Erscheinungen ihre Folge sind.

Alle Gaben, die dem Menschen aus seinen tiefen Einsichten in die umgebende Natur erwachsen, die Fortschritte seiner Technologie, seiner chemischen und medizinischen Wissenschaften, alles, was dazu angetan scheint, menschliche Leiden zu mindern, wirkt sich in entsetzlicher und paradoxer Weise zum Verderben der Menschheit aus. Sie droht genau das zu tun, was sonst lebenden Systemen fast nie geschieht, nämlich in sich selbst zu ersticken. Das Entsetzlichste aber ist, daß bei diesem apokalyptischen Vorgange die höchsten und edelsten Eigenschaften und Fähigkeiten des Menschen, gerade jene, die wir mit Recht als spezifisch menschlich empfinden und werten, allem Anscheine nach die ersten sind, die untergehen.

Wir alle, die wir in dichtbesiedelten Kulturländern oder gar in Großstädten leben, wissen gar nicht mehr, wie sehr es uns an allgemeiner, herzlicher und warmer Menschenliebe gebricht. Man muß einmal in einem wirklich dünnbesiedelten Land, wo mehrere Kilometer schlechter Straßen die Nachbarn voneinander trennen, als ungebetener Gast in ein Haus gekommen sein, um zu ermessen, wie gastfreundlich und menschenliebend der Mensch dann ist, wenn seine Fähigkeit zu sozialem Kontakt nicht dauernd überfordert wird. Ein unvergeßliches Erlebnis brachte mir das einst zum Bewußtsein. Ich hatte ein amerikanisches Ehepaar aus Wisconsin zu Gaste, berufsmäßige Naturschützer, deren Haus in völliger Einsamkeit im Walde liegt. Als wir uns eben zum Abendessen niedersetzen wollten, läutete die Türglocke, und ich rief ärgerlich aus: »Wer ist denn das jetzt schon wieder!« Ich hätte meine Gäste nicht mehr schockieren können, wenn ich mir die größte Unflätigkeit zuschulden hätte kommen lassen. Daß man auf das unerwartete Läuten der Türglocke anders als mit Freude antworten kann, war für sie ein Skandalon.

Sicherlich trägt das Zusammengepferchtsein von Menschenmassen in den modernen Großstädten einen großen Teil der Schuld daran, wenn wir in der Phantasmagorie der ewig wechselnden, einander überlagernden und verwischenden Menschenbilder das Antlitz des Nächsten nicht mehr zu erblicken vermögen. Unsere Nächstenliebe wird durch die Massen der Nächsten, der Allzunahen, so verdünnt, daß sie schließlich nicht einmal mehr in Spuren nachweisbar ist. Wer überhaupt noch herzliche und warme Gefühle für Mitmenschen aufbringen will, muß sie auf eine geringe Zahl von Freunden konzentrieren, denn wir sind nicht so beschaffen, daß wir alle Menschen lieben können, so richtig und ethisch die Forderung ist, dies zu tun. Wir müssen also eine Auswahl treffen, das heißt, wir müssen uns so manche andere Menschen, die unserer Freundschaft gewiß ebenso würdig wären, gefühlsmäßig »vom Leibe halten«. »Not to get emotionally involved« ist eine der Hauptsorgen mancher Großstadtmenschen. Diesem, für keinen von uns ganz vermeidbaren Verfahren haftet aber bereits ein böser Hauch von *Unmenschlichkeit* an; es erinnert an das der alten amerikanischen Plantagenbesitzer, die ihre »Hausneger« durchaus menschlich behandelten, die Arbeits-Sklaven auf ihren Plantagen aber bestenfalls wie ziemlich wertvolle Haustiere. Geht diese absichtliche Abschirmung gegen menschliche Kontakte weiter, so führt sie im Verein mit den später zu besprechenden Erscheinungen der Gefühlsverflachung zu jenen entsetzlichen Erscheinungen der Teilnahmslosigkeit, von denen die Zeitungen uns alltäglich berichten. Je weiter die Vermassung der Menschen geht, desto dringender wird für den einzelnen die Notwendigkeit »not to get involved«, und so können heute gerade in den größten Großstädten Raub, Mord und Vergewaltigung bei hellem Tage und auf dicht belebten Straßen vor sich gehen, ohne daß ein »Passant« einschreitet.

Das Zusammengepferchtsein vieler Menschen auf engstem Raum führt nicht nur mittelbar durch Erschöpfung und Versandung zwischenmenschlicher Beziehungen zu Erscheinungen der Entmenschlichung, es löst auch ganz unmittelbar aggressives Verhalten aus. Man weiß aus sehr vielen Tierversuchen, daß innerartliche Aggression durch Zusammenpferchung gesteigert werden kann. Wer es nicht in Kriegsgefangenschaft oder in einer ähnlichen gewaltsamen Aggregation vieler Menschen selbst erlebt hat, kann gar nicht ermessen, welche Grade die kleinliche Reizbarkeit erreichen kann, die einen unter solchen Umständen befällt. Gerade wenn man sich im Zaume zu halten trachtet und sich befleißigt, im täglichen und stündlichen Kontakt mit nicht befreundeten Artgenossen ein höfliches, das heißt freundschaftliches Verhalten zu zeigen, steigert sich der Zustand bis zur Qual. Die allgemeine Unfreundlichkeit, die man in allen Großstädten beobachten kann, ist deutlich proportional zu der Dichte der an bestimmten Orten angehäuften Menschenmengen. In großen Bahnhöfen oder im Bus-Terminal in New York zum Beispiel erreicht sie Grade, die erschreckend sind.

Mittelbar trägt die Übervölkerung zu sämtlichen Übelständen und Verfallserscheinungen bei, die in den folgenden sieben Kapiteln besprochen werden sollen. Den Glauben, daß man durch entsprechende »Konditionierung« eine neue Sorte von Menschen erzeugen könne, die gegen die üblen Folgen engster Zusammenpferchung gefeit sind, halte ich für einen gefährlichen Wahn.

III. Verwüstung des Lebensraums

Es ist ein weitverbreiteter Irrglaube, daß »die Natur« unerschöpflich sei. Jede Tier-, Pflanzen- oder Pilzart – denn alle drei Sorten von Lebewesen gehören zum großen Räderwerk – ist an ihre Umgebung angepaßt, und zu dieser Umgebung gehören selbstverständlich nicht nur die anorganischen Bestandteile einer bestimmten Örtlichkeit, sondern ganz ebenso alle ihre anderen lebenden Bewohner. Alle Lebewesen eines Lebensraumes sind also *aneinander* angepaßt. Dies gilt auch für jene, die einander scheinbar feindlich gegenüberstehen, wie etwa das Raubtier und seine Beute, der Fresser und der Gefressene. Bei näherer Betrachtung stellt sich heraus, daß diese Wesen, als Arten und nicht als Individuen gesehen, einander nicht schaden, ja manchmal sogar eine Interessengemeinschaft bilden. Ganz selbstverständlich hat der Fresser ein brennendes Interesse am Weiterleben der Art von Beute, von der er lebt, sei es Tier oder Pflanze. Je ausschließlicher er auf eine einzige Nahrungs-Art spezialisiert ist, desto größer ist notwendigerweise dieses Interesse. Das Raubtier kann in solchen Fällen sein Beutetier niemals ausrotten, das letzte Paar der Räuber würde schon lange verhungert sein, ehe es dem letzten Paar der Beute-Art auch nur begegnet wäre. Wenn die Populationsdichte der Beute gewisse Maße unterschreitet, geht der Räuber zugrunde, so wie es zum großen Glück die meisten Walfangunternehmungen getan haben. Als der Dingo, ursprünglich ein Haushund, nach Australien kam und dort verwilderte, rottete er keines der Beutetiere aus, von denen er lebte, wohl aber die beiden großen Beutelraubtiere, den Beutelwolf, Thylacinus, und den Beutelteufel, Sarcophilus. Diese mit geradezu fürchterlichem Gebiß ausgestatteten Beuteltiere wären zwar im Kampfe dem Dingo um ein Vielfaches überlegen, aber mit ihrem primitiveren Gehirn benötigen sie eine weit größere Bevölkerungsdichte der Beutetiere als der klügere Wildhund. Sie wurden von diesem nicht totgebissen, sondern tot-konkurrenziert und verhungerten.

Es kommt nur selten vor, daß die Vermehrung eines Tieres unmittelbar von der Menge der vorhandenen Nahrung geregelt wird. Dies wäre nämlich sowohl im Interesse des Ausbeutenden wie in dem des Ausgebeuteten gleicherweise unökonomisch. Ein Fischer, der vom Ertrage eines Gewässers lebt, wird klug daran tun, dieses stets nur so weit auszufischen, daß die überlebenden Fische eben noch das Maximum an Nachkommenschaft hervorbringen, das die abgefischte Menge wieder ergänzt. Wo dieses Optimum liegt, ist nur durch eine recht komplizierte Maximum-Minimum-Rechnung zu ermitteln. Fischt man zu wenig, so bleibt der See übervölkert, und es wächst nicht viel Fischbrut nach, überfischt man, so bleiben zu wenig Zuchtfische, um jene Menge von Nachkommenschaft zu erzeugen, die das Gewässer wohl ernähren und heranwachsen lassen könnte. Eine analoge Art von Ökonomie betreiben, wie V. C. Wynne-Edwards gezeigt hat, sehr viele Tierarten. Neben der Abgrenzung von Territorien, die ein zu dichtes Beieinanderwohnen verhindert, sind es noch verschiedene andere Verhaltensweisen, die eine Über-Exploitation des zur Verfügung stehenden Unterhaltes verhindern.

Es kommt gar nicht selten vor, daß die gefressene Art von der sie fressenden ausgesprochene Vorteile hat. Es ist nicht nur die Vermehrungsziffer der Nahrungstiere oder Pflanzen auf den Konsum durch einen Verbraucher eingestellt, so daß Unordnung in ihrem Lebensgleichgewicht entstehen würde, wenn dieser Faktor ausfiele. Die großen Zusammenbrüche der Population, die man an rasch sich vermehrenden Nagetieren unmittelbar nach dem Erreichen höchster Bevölkerungsdichte verzeichnen kann, sind für das Bestehen der Art sicher gefährlicher als die ausgewogene Erhaltung eines Mittelmaßes, wie sie der »Abruf« der Überzähligen durch Raubtiere sichert. Sehr oft geht die Symbiose zwischen Gefressenem und Fresser sehr viel weiter. Es gibt viele Grasarten, die ausgesprochen darauf »konstruiert« sind, von großen Huftieren dauernd kurzgehalten und auch getrampelt zu werden, was man beim Kunstrasen durch dauerndes Mähen und Walzen nachahmen muß. Wenn diese Faktoren ausfallen, werden diese Gräser alsbald von anderen verdrängt, die eine solche Behandlung nicht aushalten, in anderen Hinsichten aber durchschlagskräftiger sind. Kurzum, zwei Lebensformen können in einem sehr ähnlichen Abhängigkeitsverhältnis zueinander stehen wie der Mensch zu seinen Haustieren und Kulturpflanzen. Die Gesetzlichkeiten, die solche Wechselwirkungen beherrschen, sind denn auch denen der menschlichen Ökonomie oft recht ähnlich, was sich auch in dem Terminus ausdrückt, den die biologische Wissenschaft für die Lehre von diesen Wechselwirkungen geprägt hat: Sie heißt *Ökologie. Ein* ökonomischer Begriff, der uns hier noch beschäftigen wird, kommt in der Ökologie der Tiere und Pflanzen allerdings nicht vor, es ist der des *Raubbaues.*

Die Wechselwirkungen im Gefüge der vielen Tier-, Pflanzen- und Pilzarten, die gemeinsam einen Lebensraum bewohnen und zusammen die Lebensgemeinschaft oder *Biozönose* ausmachen, sind ungeheuer vielfältig und komplex. Die Anpassung der verschiedenen Arten von Lebewesen, die im Laufe von Zeiträumen stattgefunden hat, deren Größenordnung der Geologie und nicht der menschlichen Geschichte entspricht, hat zu einem ebenso bewunderungswürdigen wie leicht störbaren Gleichgewichtszustand geführt. Viele Regulationsvorgänge sichern diesen gegen die unvermeidlichen Störungen durch Wetter und dergl. Alle langsam sich vollziehenden Veränderungen, wie die durch Evolution der Arten oder allmähliche Veränderung des Klimas hervorgerufenen, können das Gleichgewicht eines Lebensraumes nicht gefährden. Plötzliche Einwirkungen aber, auch wenn sie scheinbar nur geringfügig sind, können unerwartet große, ja katastrophale Wirkungen haben. Das Einschleppen einer scheinbar ganz harmlosen Tierart kann weite Länderstrecken im buchstäblichen Sinne des Wortes verwüsten, wie dies in Australien durch das Kaninchen geschehen ist. Dieser Eingriff in das Gleichgewicht eines Biotops ist durch den Menschen verursacht worden. Gleiche Wirkungen sind aber prinzipiell auch ohne sein Eingreifen denkbar, wenn auch seltener.

Die Ökologie des Menschen verändert sich um ein Vielfaches schneller als die aller anderen Lebewesen. Das Tempo wird ihr vom Fortschritt seiner Technologie vorgeschrieben, der sich ständig und in geometrischer Proportion verschnellert. Daher kann der Mensch nicht umhin, tiefgreifende Veränderungen und allzuoft den totalen Zusammenbruch der Biozönosen zu verursachen, in und von denen er lebt. Eine Ausnahme hiervon machen nur ganz wenige »wilde« Stämme, wie z. B. gewisse Urwaldindianer Südamerikas, die als Sammler und Wildbeuter leben, oder die Bewohner mancher ozeanischer Inseln, die ein wenig Ackerbau treiben und im wesentlichen von Kokosnüssen und Meerestieren leben. Solche Kulturen beeinflussen ihren Biotop nicht anders, als Populationen einer Tierart es tun. Dies ist die eine theoretisch mögliche Art, in welcher der Mensch mit seinem Biotop im Gleichgewicht leben kann, die andere besteht darin, daß er sich als Ackerbauer und Viehzüchter eine neue, ganz auf seine Bedürfnisse zugeschnittene Biozönose *schafft*, die im Prinzip genausogut auf die Dauer existenzfähig sein kann wie eine ohne sein Zutun entstandene. Dies gilt für manche alte Bauernkulturen, in denen Menschen viele Generationen lang auf demselben Land sitzen, es lieben und auf Grund ihrer recht guten, in der Praxis erworbenen ökologischen Kenntnisse der Scholle zurückgeben, was sie von ihr empfingen.

Der Bauer weiß nämlich etwas, was die gesamte zivilisierte Menschheit vergessen zu haben scheint, nämlich, daß die Lebensgrundlagen des ganzen Planeten *nicht unerschöpflich* sind. Nachdem in Amerika weite Landstriche durch Bodenerosion, die dem Raubbau folgte, von Ackerland zur Wüste wurden, nachdem große Gebiete durch Abholzen verkarstet und unzählige nützliche Tierarten ausgestorben sind, sind diese Tatsachen allmählich aufs neue erkannt worden, vor allem deshalb, weil große industrielle Unternehmungen der Agrikultur, der Fischerei und des Walfanges ihre Auswirkungen in kommerzieller Hinsicht schmerzlich zu spüren bekamen. Allgemein anerkannt und ins Bewußtsein der Öffentlichkeit gedrungen sind sie indessen noch immer nicht!

Die Hast der heutigen Zeit, von der im nächsten Kapitel die Rede sein soll, läßt den Menschen keine Zeit, zu prüfen und zu überlegen, ehe sie handeln. Dann sind die Ahnungslosen noch stolz darauf, »doers«, Täter zu sein, während sie zu Untätern an der Natur und an sich selbst werden. Untaten geschehen heute allenthalben in der Anwendung chemischer Mittel, z. B. bei der Insektenvernichtung in der Landwirtschaft und im Obstbau, aber fast ebenso kurzsichtig in der Pharmakopöe. Die Immunbiologen erheben ernste Bedenken gegen allgemein übliche Medikamente. Die Psychologie des »Sofort-haben-Müssens«, auf die ich im IV. Kapitel zurückkommen werde, macht manche Sparten der chemischen Industrie geradezu verbrecherisch leichtsinnig, was den Vertrieb von Mitteln anlangt, deren Wirkung auf längere Sicht überhaupt nicht absehbar ist. Was die ökologische Zukunft des Akkerbaus betrifft, aber auch in Hinsicht auf medizinische Belange, herrscht eine schier unglaubliche Bedenkenlosigkeit. Warnende, die gegen die unbedachte Verwendung von Giften auftraten, wurden in der infamsten Weise diskreditiert und mundtot gemacht.

Indem die zivilisierte Menschheit die lebende Natur, die sie umgibt und erhält, in blinder und vandalischer Weise verwüstet, bedroht sie sich mit ökologischem Ruin. Wenn sie diesen erst einmal ökonomisch zu fühlen bekommt, wird sie ihre Fehler vielleicht erkennen, aber sehr wahrscheinlich wird es dann zu spät sein. Am wenigsten aber merkt sie, wie sehr sie im Verlaufe dieses barbarischen Prozesses an ihrer Seele Schaden nimmt. Die allgemeine und rasch um sich greifende Entfremdung von der lebenden Natur trägt einen großen Teil der Schuld an der ästhetischen und ethischen Verrohung der Zivilisationsmenschen. Woher soll dem heranwachsenden Menschen *Ehrfurcht* vor irgend etwas kommen, wenn alles, was er um sich sieht, Menschenwerk, und zwar sehr billiges und häßliches Menschenwerk ist? Selbst der Blick auf das gestirnte Firmament ist dem Städter durch Hochhäuser und chemische Atmosphärentrübung verhüllt. So nimmt es denn kaum wunder, wenn das Vordringen der Zivilisation mit einer so bedauernswerten Verhäßlichung von Stadt und Land einhergeht. Man vergleiche sehenden Auges das alte Zentrum irgendeiner deutschen Stadt mit ihrer modernen Peripherie oder auch diese sich schnell ins umgebende Land hineinfressende Kulturschande mit den von ihr noch nicht angegriffenen Ortschaften. Dann vergleiche man ein histologisches Bild von irgendeinem normalen Körpergewebe mit dem eines bösartigen Tumors: Man wird erstaunliche Analogien finden! Objektiv betrachtet und vom Ästhetischen ins Zählbare übersetzt, beruht dieser Unterschied im wesentlichen auf einem *Verlust von Information.*

Die Zelle des bösartigen Tumors unterscheidet sich von der normalen Körperzelle vor allem dadurch, daß ihr jene genetische Information abhanden gekommen ist, die sie braucht, um ihre Rolle als nützliches Glied in der Interessengemeinschaft des Körpers zu spielen. Sie benimmt sich daher wie ein einzelliges Tier oder, noch besser gesagt, wie eine junge embryonale Zelle. Sie entbehrt der besonderen Strukturen und teilt sich maß- und rücksichtslos, so daß das Tumorgewebe infiltrierend in das noch gesunde Nachbargewebe hineinwächst und dieses zerstört. Die augenfälligen Analogien zwischen dem Bild des Stadtrandes und dem des Tumors liegen darin, daß bei diesem wie bei jenem im noch gesunden Raume eine Vielzahl sehr verschiedener, aber fein differenzierter und einander ergänzender Baupläne verwirklicht waren, die ihr weises Ebenmaß einer Information verdankten, die in langer historischer Entwicklung gesammelt worden war, während in dem vom Tumor oder von der modernen Technologie verwüsteten nur ganz wenige, aufs äußerste vereinfachte Konstruktionen das Bild beherrschen. Das histologische Bild der völlig uniformen, strukturarmen Tumorzellen hat eine verzweifelte Ähnlichkeit mit einer Luftaufnahme einer modernen Vorstadt mit ihren Einheits-Häusern, die von kulturverarmten Architekten ohne viel Vorbedacht und in eiligem Wettbewerb entworfen wurden. Die im nächsten Abschnitt zu besprechenden Vorgänge des Wettlaufs der Menschheit mit sich selbst üben auf den Wohnungsbau eine vernichtende Wirkung aus. Nicht nur die kommerzielle Erwägung, daß massenhaft herstellbare Bauteile billiger kommen, sondern auch die alles nivellierende Mode führen dazu, daß an allen Stadträndern aller zivilisierten Länder Massenbehausungen zu Hunderttausenden entstehen, die nur an ihren Nummern voneinander unterscheidbar sind und den Namen »Häuser« nicht verdienen, da sie bestenfalls Batterien von Ställen für Nutzmenschen sind, um dieses Wort einmal in Analogie zu der Bezeichnung »Nutztiere« zu prägen.

Leghornhennen in Batterien zu halten gilt mit Recht als

Tierquälerei und Kulturschande. Analoges Menschen zuzumuten wird als völlig erlaubt angesehen, obwohl gerade der Mensch eine solche im wahrsten Sinne des Wortes menschenunwürdige Behandlung am allerwenigsten verträgt. Die Selbstbewertung des normalen Menschen fordert mit vollem Recht die Behauptung seiner Individualität. Der Mensch ist nicht, wie eine Ameise oder eine Termite, von seiner Phylogenese so konstruiert, daß er es erträgt, ein anonymes und durchaus austauschbares Element unter Millionen völlig gleichartiger zu sein. Man betrachte einmal offenen Auges eine Siedlung von Schrebergärtnern und beobachte, welche Auswirkungen der Drang des Menschen nach Ausdruck seiner Individualität dort hervorbringt. Dem Bewohner der Nutzmenschenbatterie steht nur ein Weg zur Aufrechterhaltung seiner Selbstachtung offen: Er besteht darin, die Existenz der vielen gleichartigen Leidensgenossen aus dem Bewußtsein zu verdrängen und sich vom Nächsten fest abzukapseln. Bei sehr vielen Massenwohnungen sind zwischen die Balkone der Einzelwohnungen Trennwände eingeschoben, die den Nachbarn unsichtbar machen. Man kann und will nicht »über den Zaun« mit ihm in sozialen Kontakt treten, denn man fürchtet allzusehr, das eigene verzweifelte Bild in ihm zu erblicken. Auch auf diesem Wege führt Vermassung zur Vereinsamung und zur Teilnahmslosigkeit am Nächsten.

Ästhetisches und ethisches Empfinden sind offenbar sehr eng miteinander verknüpft, und Menschen, die unter den eben besprochenen Bedingungen leben müssen, erleiden ganz offensichtlich eine Atrophie beider. Schönheit der Natur und Schönheit der menschengeschaffenen kulturellen Umgebung sind offensichtlich beide nötig, um den Menschen geistig und seelisch gesund zu erhalten. Die totale Seelenblindheit für alles Schöne, die heute allenthalben so rapide um sich greift, ist eine Geisteskrankheit, die schon deshalb ernst genommen werden muß, weil sie mit einer Unempfindlichkeit gegen das ethisch Verwerfliche einhergeht.

Bei denen, die darüber zu entscheiden haben, ob eine Straße, ein Kraftwerk oder eine Fabrik gebaut wird, wodurch die Schönheit eines ganzen, weiten Landstriches für immer zerstört wird, spielen ästhetische Erwägungen überhaupt keine Rolle. Vom Gemeinderatsvorsteher einer kleinen Ortschaft bis zum Wirtschaftsminister eines großen Staates besteht völlige Einheit der Meinung darüber, daß der Naturschönheit keine wirtschaftlichen – oder gar politischen – Opfer gebracht werden dürfen. Die wenigen Naturschützer und Wissenschaftler, die offene Augen für das hereinbrechende Unglück haben, sind völlig machtlos. Einige der Gemeinde gehörige Parzellen oben am Waldrand erhalten erhöhten Verkaufswert, wenn eine Straße zu ihnen führt, also wird das reizende Bächlein, das sich durchs Dorf schlängelt, in Röhren gefaßt, begradigt und überwölbt, und schon ist aus einer wunderschönen Dorfstraße eine scheußliche Vorstadtstraße geworden.

IV. Der Wettlauf mit sich selbst

Zu Beginn des I. Kapitels habe ich auseinandergesetzt, daß und warum zur Aufrechterhaltung eines stetigen Zustandes (steady state) in lebendigen Systemen die Funktion von Regelkreisen oder negativen Rückkoppelungen unentbehrlich ist, ferner, daß und warum Kreiswirkungen positiver Rückkoppelung stets die Gefahr des lawinenartigen Anschwellens einer Einzelwirkung heraufbeschwören. Ein spezieller Fall positiver Rückkoppelung tritt dann ein, wenn Individuen *derselben* Art miteinander in einen Wettbewerb treten, der durch *Selektion* einen Einfluß auf ihre Entwicklung ausübt. Im Gegensatz zu der von außer-artlichen Umweltfaktoren verursachten, bewirkt die *intra-spezifische* Selektion Veränderungen im Erbgut der betreffenden Art, die ihre Überlebensaussichten nicht nur nicht vermehren, sondern ihnen in den meisten Fällen deutlich abträglich sind.

Ein schon von Oskar Heinroth zur Illustration der Folgen intraspezifischer Selektion herangezogenes Beispiel betrifft die Schwungfedern des männlichen Argusfasans, Argusianus argus L. Sie werden bei der Balz in analoger Weise entfaltet und dem Weibchen zugewandt wie das Rad des Pfaues, das bekanntlich aus den Oberschwanzdecken gebildet ist. Wie beim Pfau sicher nachgewiesen, liegt offenbar auch beim Argus die Wahl des Partners ausschließlich beim Weibchen, und die Fortpflanzungsaussichten des Hahnes stehen in einem ziemlich geraden Verhältnis zu der Stärke des Reizes, den sein Balzorgan auf die Hennen ausübt. Während aber das Rad des Pfaues sich im Fluge zu einem mehr oder weniger stromlinienförmigen Heck zusammenfaltet und kaum hinderlich ist, macht die Verlängerung der Schwungfedern den männlichen Argus nahezu flugunfähig. Daß er dies nicht völlig geworden ist, liegt sicher an der Selektion, die bodenbewohnende Raubtiere in der Gegenrichtung ausüben und die somit die notwendige regelnde Wirkung übernimmt.

Mein Lehrer Oskar Heinroth pflegte in seiner drastischen Art zu sagen: »Nächst den Schwingen des Argushahnes ist das Arbeitstempo der modernen Menschheit das dümmste Produkt intraspezifischer Selektion.« Diese Aussage war zur Zeit, da sie gemacht wurde, ausgesprochen prophetisch, heute aber ist sie eine krasse Untertreibung, ein klassisches »Understatement«. Beim Argus, wie bei vielen Tieren mit analogen Bildungen, verhindern Umwelteinflüsse, daß sich die Art durch intraspezifische Selektion in monströse und letzten Endes zur Katastrophe führende Entwicklungswege hineinsteigert. Keine derartigen heilsam regelnden Gewalten sind an der Kulturentwicklung der Menschheit wirksam: Sie hat – zu ihrem Unglück – alle Mächte ihrer außerartlichen Umwelt zu beherrschen gelernt, weiß aber über sich selbst so wenig, daß sie den satanischen Wirkungen der intraspezifischen Selektion hilflos preisgegeben ist.

»Homo homini lupus« – »der Mensch ist für den Menschen das Raubtier« – ist ebenso wie der berühmte Ausspruch Heinroths ein »Understatement«. Der Mensch als einziger die weitere Entwicklung seiner eigenen Art bestimmender Selektionsfaktor wirkt leider keineswegs so harmlos wie ein Raubtier, und sei es das gefährlichste. Der Wettbewerb des Menschen mit dem Menschen wirkt, wie kein biologischer Faktor es vor ihm je getan hat, »der ewig regen, der heilsam schaffenden Gewalt« direkt entgegen und zerstört so ziemlich alle Werte, die sie schuf, mit kalter Teufelsfaust, deren Tun ausschließlich von wertblinden, kommerziellen Erwägungen bestimmt ist.

Was für die Menschheit als Ganzes, ja selbst, was für den Einzelmenschen gut und nützlich ist, wurde unter dem Druck zwischenmenschlichen Wettbewerbs bereits völlig vergessen.

Als Wert wird von der erdrückenden Mehrzahl der heute lebenden Menschen nur mehr das empfunden, was in der mitleidslosen Konkurrenz erfolgreich und geeignet ist, den Mitmenschen zu überflügeln. Jedes Mittel, das diesem Zwecke dienlich ist, erscheint trügerischerweise als ein Wert in sich. Man kann den vernichtend sich auswirkenden Irrtum des *Utilitarismus* als die Verwechslung der Mittel mit dem Zweck definieren. Geld ist ursprünglich ein Mittel; die Umgangssprache weiß dies noch, man sagt etwa: »Er hat ja die Mittel.« Wie viele Menschen aber gibt es heute noch, die einen überhaupt verstehen, wenn man ihnen erklären will, daß Geld an sich keinen Wert darstellt? Genau dasselbe gilt für die Zeit: »Time is money« besagt für jeden, der das Geld für einen absoluten Wert hält, daß für jede Sekunde ersparter Zeit gleiches gelte. Wenn man ein Flugzeug bauen kann, das den Atlantik in einer etwas kürzeren Zeit überfliegen wird als alle bisherigen, so fragt kein Mensch, um welchen Preis der nun nötigen Verlängerung der Landungsbahn, der vergrößerten Lande- und Abflugsgeschwindigkeit und der damit erhöhten Gefahr, dem größeren Lärm usw. dies erkauft werde. Der Gewinn von einer halben Stunde ist in den Augen aller ein Wert an sich, den zu erringen kein Opfer zu groß sein kann. Jede Automobilfabrik muß dafür sorgen, daß die neue Type ein wenig schneller ist als die vorhergehende, jede Straße muß verbreitert, jede Kurve ausgebaut werden, vorgeblich um der größeren Sicherheit willen, in Wirklichkeit aber nur, damit man noch ein bißchen schneller – und damit gefährlicher – fahren könne.

Man muß sich fragen, was der heutigen Menschheit größeren Schaden an ihrer Seele zufügt: die verblendende Geldgier oder die zermürbende Hast. Welches von beiden es auch sei, es liegt im Sinne der Machthabenden aller politischen Richtungen, beides zu fördern und jene Motivationen bis zur Hypertrophie zu steigern, die den Menschen zum Wettbewerb antreiben. Meines Wissens liegt noch keine tiefenpsychologische Analyse dieser Motivationen vor, ich halte es aber für sehr wahrscheinlich, daß neben der Gier nach Besitz oder nach höherer Rangordnungs-Stellung, oder nach beidem, auch die *Angst* eine sehr wesentliche Rolle spielt, Angst im Wettlauf überholt zu werden, Angst vor Verarmung, Angst, falsche Entscheidungen zu treffen und der ganzen aufreibenden Situation nicht oder nicht mehr gewachsen zu sein. Angst in jeglicher Form ist ganz sicher der wesentlichste Faktor, der die Gesundheit moderner Menschen untergräbt und ihnen arteriellen Hochdruck, genuine Schrumpfniere, frühen Herzinfarkt und ähnliche schöne Dinge zufügt. Der hastende Mensch ist sicher nicht nur von Gier gelockt, die stärksten Lockungen würden ihn nicht zu so energischer Selbstbeschädigung veranlassen können, er ist *getrieben*, und was ihn treibt, kann nur Angst sein.

Ängstliche Hast und hastende Angst tragen dazu bei, den Menschen seiner wesentlichsten Eigenschaften zu berauben. Eine von ihnen ist die *Reflexion.* Wie ich in meiner Arbeit ›Innate Bases of Learning‹ auseinandergesetzt habe, hat es sehr wahrscheinlich bei dem rätselhaften Vorgang der Menschwerdung eine ausschlaggebende Rolle gespielt, daß ein seine Umwelt neugierig explorierendes Wesen eines Tages *sich selbst* in das Blickfeld seines Forschens bekam. Diese Entdeckung des eigenen Selbst braucht noch durchaus nicht mit jenem Erstaunen über das bisher Selbstverständliche einhergegangen zu sein, das der Geburtsakt der Philosophie ist. Schon die Tatsache, daß etwa die tastende und greifende Hand neben den betasteten und ergriffenen Dingen der Außenwelt als ein Ding der Außenwelt gesehen und verstanden wurde, muß eine neue Verbindung geknüpft haben, deren Auswirkungen epochemachend wurden. Ein Wesen, das um die Existenz seines eigenen

Selbst noch nicht weiß, kann unmöglich begriffliches Denken, Wortsprache, Gewissen und verantwortliche Moral entwikkeln. Ein Wesen, das *aufhört* zu reflektieren, ist in Gefahr, all diese spezifisch menschlichen Eigenschaften und Leistungen zu verlieren.

Eine der bösesten Auswirkungen der Hast oder vielleicht unmittelbar der Hast erzeugenden Angst ist die offenkundige Unfähigkeit moderner Menschen, auch nur kurze Zeit mit sich selbst allein zu sein. Sie vermeiden jede Möglichkeit der Selbstbesinnung und Einkehr mit einer ängstlichen Beflissenheit, als fürchteten sie, daß die Reflexion ihnen ein geradezu gräßliches Selbstbildnis entgegenhalten könnte, ähnlich dem, das Oscar Wilde in seinem klassischen Schauer-Roman ›The Picture of Dorian Gray‹ beschreibt. Für die um sich greifende Sucht nach Lärm, die bei der sonstigen Neurasthenie moderner Menschen geradezu paradox ist, gibt es keine andere Erklärung als die, daß irgend etwas *übertäubt* werden muß. Auf einem Waldspaziergang hörten einst meine Frau und ich unerwartet das rasch sich nähernde Geplärre eines Kofferradios, das ein etwa 16jähriger einsamer Radfahrer auf dem Gepäckträger mit sich führte. Meine Frau bemerkte: »Der hat Angst, er könnte die Vögel singen hören!« Ich glaube, er hatte nur Angst, einen Augenblick in Gefahr zu kommen, sich selbst zu begegnen. Weshalb ziehen wohl sonst durchaus intellektuell anspruchsvolle Menschen die geradezu hirnerweichten Werbesendungen des Fernsehens der eigenen Gesellschaft vor? Ganz sicher nur deshalb, weil es ihnen hilft, Reflexion zu verdrängen.

Die Menschen *leiden* also unter den nervlichen und seelischen Beanspruchungen, die der Wettlauf mit ihresgleichen ihnen auferlegt. Obwohl sie von frühester Kindheit an darauf dressiert werden, in allen wahnsinnigen Auswüchsen des Wettbewerbes Fortschritte zu sehen, schaut den gerade fortschrittlichsten unter ihnen die sie treibende Angst am deutlichsten aus den Augen und die tüchtigsten und am meisten »mit der Zeit gehenden« sterben besonders früh an Herzinfarkt.

Selbst wenn man die unberechtigt optimistische Annahme macht, daß die Übervölkerung der Erde nicht in dem heute drohenden Maße weiter zunähme, muß man den wirtschaftlichen Wettlauf der Menschheit mit sich selbst für allein hinreichend betrachten, um sie völlig zugrunde zu richten. Jeder Kreisprozeß mit positiver Rückkoppelung führt früher oder später zur Katastrophe, und der hier in Rede stehende Vorgang enthält deren mehrere. Außer der kommerziellen intraspezifischen Selektion auf ein ständig sich verschnellerndes Arbeitstempo, ist noch ein zweiter gefährlicher Kreisprozeß am Werke, auf den Vance Packard in mehreren seiner Bücher aufmerksam gemacht hat und der eine progressive Steigerung der *Bedürfnisse* der Menschen im Gefolge hat. Aus naheliegenden Gründen sucht jeder Produzent das Bedürfnis der Konsumenten nach den von ihm erzeugten Waren nach Möglichkeit in die Höhe zu treiben. Viele »wissenschaftliche« Forschungsinstitute beschäftigen sich ausschließlich mit der Untersuchung der Frage, welche Mittel zur Erreichung dieses durchaus verwerflichen Zieles am besten geeignet seien. Die große Masse der Konsumenten ist, vor allem infolge der im I. und im VII. Kapitel besprochenen Erscheinungen, dumm genug, um sich die Lenkung mittels der durch Meinungs- und Werbungsforschung ausgearbeiteten Methoden gefallen zu lassen. Niemand revoltiert zum Beispiel dagegen, mit jeder Tube Zahnpasta oder jeder Rasierklinge eine werbedienliche Verpackung mitbezahlen zu müssen, die häufig soviel oder mehr kostet als die gekaufte Ware.

Die Luxusbildungen, die als Folge des Teufelskreises einer rückgekoppelten Produktions- und Bedürfnissteigerung auftreten, werden den westlichen Ländern, vor allem den USA, früher oder später dadurch zum Verderben werden, daß ihre Bevölkerung gegen die weniger verwöhnte und gesündere der östlichen Länder nicht mehr konkurrenzfähig sein wird. Seitens kapitalistischer Machthaber ist es daher äußerst kurzsichtig, das bisherige Verfahren beizubehalten, das darin besteht, den Konsumenten durch Erhöhung seines »Lebensstandards« dafür zu belohnen und so darauf zu »konditionieren«, daß er in seinem blutdruckerhöhenden, nervenzermürbenden Wettlauf mit seinem Nächsten fortfährt.

Außerdem aber führen diese Luxusbildungen zu einem Kreis verderblicher Erscheinungen besonderer Art, die im nächsten Kapitel besprochen werden.

V. Wärmetod des Gefühls

Bei allen Lebewesen, die zur Ausbildung bedingter Reaktionen vom klassischen Pawlowschen Typus fähig sind, kann dieser Vorgang durch zwei in ihrer Wirkung entgegengesetzte Arten von Reizen bewirkt werden, erstens durch andressierende Reize (reinforcement), die das vorangehende Verhalten bekräftigen, zweitens aber durch abdressierende (deconditioning, extinguishing), die es abschwächen oder ganz hemmen. Beim Menschen ist die Einwirkung der ersten Reizart mit Lustgefühlen, die der zweiten mit Unlustgefühlen verbunden, und man begeht wohl keine allzu krasse Anthropomorphisierung, wenn man sie auch bei höheren Tieren kurz als Lohn und Strafe bezeichnet.

Es erhebt sich die Frage, weshalb wohl das phylogenetisch evolvierte Programm des Apparates, der diese Form des Lernens bewirkt, mit zwei und nicht einfachheitshalber mit nur einer Art von Reizeinwirkungen arbeitet. Darauf wurden schon verschiedene Antworten gegeben. Die nächstliegende ist die, daß die Wirksamkeit des Lernvorganges verdoppelt wird, wenn der Organismus nicht nur aus Erfolg oder Mißerfolg, sondern aus beiden sinnvolle Konsequenzen zu ziehen imstande ist. Eine andere hypothetische Antwort ist die folgende: Wenn es gilt, den Organismus von bestimmten schädlichen Umwelteinflüssen fernzuhalten und ihn in seinem Optimum von Wärme, Licht, Feuchtigkeit usw. zu bewahren, so reicht die Wirkung von Strafreizen sehr wohl aus, und wir sehen tatsächlich, daß die Appetenzen nach einem Optimum und damit nach Reiz-Freiheit, die Wallace Craig eben deshalb als »Aversionen« bezeichnet, meist in dieser Weise bewirkt werden. Gilt es dagegen, dem Tier eine sehr spezifische Verhaltensweise anzudressieren, und sei es nur das Aufsuchen einer ganz bestimmten, eng umschriebenen Örtlichkeit, so wird man es schwer finden, es ausschließlich durch negativ beantwortete Reize dahin zu treiben. Es wird leichter sein, es durch belohnende Reizwirkungen an den gewünschten Ort zu lokken. Schon Wallace Craig hat darauf hingewiesen, daß die Evolution diesen Weg der Problemlösung überall dort beschritten hat, wo es galt, dem Tier das Aufsuchen sehr spezifischer Reizsituationen anzudressieren, wie etwa der, die Begattung oder Nahrungsaufnahme auslösen.

Diese Erklärungen für das Doppelprinzip von Lohn und Strafe sind, soweit sie reichen, sicher stichhaltig. Eine weitere Funktion des Lust-Unlust-Prinzips, und zwar ganz sicher seine wichtigste, wird erst dadurch erkennbar, daß eine pathologische Störung die Folgen ihres Ausfallens sichtbar macht. In der Geschichte der Medizin wie der Physiologie ist es ja sehr oft vorgekommen, daß ein gut umschriebener physiologischer Mechanismus sein Vorhandensein erst durch die Konsequenzen seiner Erkrankung kundgetan hat.

Jede Andressur einer Verhaltensweise durch eine sie bekräftigende Belohnung veranlaßt den Organismus, um eines zukünftigen Lustgewinnes willen gegenwärtige Unlust in Kauf zu nehmen oder – objektivierend ausgedrückt – Reizsituationen von solcher Art reaktionslos hinzunehmen, die ohne Vorangehen des Lernvorganges abstoßend und abdressierend wirken würden. Um eine lockende Beute zu erwerben, tut ein Hund oder ein Wolf sehr vieles, was er sonst nur sehr ungern täte, er rennt durch Dornen, springt ins kalte Wasser und setzt sich Gefahren aus, die er nachweislich fürchtet. Die arterhaltende Leistung all dieser abdressierenden Mechanismen liegt nun offenbar darin, daß sie ein Gegengewicht gegen die Wirkung der andressierenden bilden und verhindern, daß der Organismus im Zuge seines Strebens nach der belohnenden Reizsituation Opfer bringt und Gefahren auf sich nimmt, die in keinem Verhältnis zu dem erwarteten Gewinn stehen. Der Organismus kann es sich nicht leisten, einen Preis zu zahlen, der »sich nicht lohnt«. Ein Wolf darf nicht ohne Rücksicht auf Witterungseinflüsse in der kältesten Sturmnacht des polaren Winters auf die Jagd gehen und riskieren, daß er mit einer erfrorenen Zehe für eine Mahlzeit zahlen muß. Es *können* allerdings Umstände eintreten, unter denen es ratsam ist, ein solches Risiko einzugehen, etwa dann, wenn das Raubtier hart am Verhungern ist und alles auf die letzte Karte setzen muß, um zu überleben.

Daß die einander entgegenwirkenden Prinzipien von Lohn und Strafe, Lust und Unlust tatsächlich dazu da sind, den zu bezahlenden Preis gegen den zu erwerbenden Gewinn abzuwägen, geht eindeutig daraus hervor, daß die Intensität beider mit der ökonomischen Situation des Organismus schwankt. Wenn etwa Nahrung im Überfluß vorhanden ist, so sinkt ihre lockende Wirkung so stark, daß ein Tier kaum ein paar Schritte der Mühe wert findet, um sie zu erwerben, die geringste unlustbetonte Reizsituation genügt, um die Appetenz nach Fressen zu blockieren. Umgekehrt gibt die Anpassungsfähigkeit des Lust-Unlust-Mechanismus dem Organismus die Möglichkeit, im Notfall einen exorbitanten Preis für die Erreichung eines lebensnotwendigen Zieles zu zahlen.

Dem Apparat, der bei allen höheren Lebewesen diese lebenswichtige Anpassung des Verhaltens an die wechselnde »Marktlage« vollbringt, haften gewisse fundamentale physiologische Eigenschaften an, die er mit fast allen neuro-sensorischen Organisationen gleicher Komplikationsstufe gemeinsam hat. Er ist erstens dem weitverbreiteten Vorgang der Gewöhnung oder Sinnes-Adaptation unterworfen. Das heißt, jede Reizkombination, die viele Male hintereinander einwirkt, verliert allmählich von ihrer Wirksamkeit, ohne daß sich dabei – und dies ist wesentlich – der Schwellenwert der Reaktion auf andere, selbst auf sehr ähnliche Reizsituationen verändert. Zweitens aber besitzt der in Rede stehende Mechanismus die ebenfalls weitverbreitete Eigenschaft der Reaktions-Trägheit. Wird er zum Beispiel durch Eintreffen stark Unlust auslösender Reize nach dieser Seite hin aus dem Gleichgewicht gedrängt und hören dann diese Reize plötzlich auf, so kehrt das System nicht in einer gedämpften Kurve in den Zustand der Indifferenz zurück, sondern es schießt zunächst über diesen Ruhezustand hinaus und registriert das einfache Aufhören der Unlust als erhebliche Lust. Der uralte österreichische Bauernscherz trifft den Nagel auf den Kopf: »Heut mach i mei'n Hund a Freud: Erst hau i eam recht und nacha hör i auf.«

Diese beiden physiologischen Eigenschaften der Lust-Unlust-Organisation sind im Konnex dieser Abhandlung deshalb wichtig, weil sie – im Verein mit gewissen anderen dem System eigenen Eigenschaften – unter den Lebensbedingungen moderner Zivilisationsmenschen zu gefährlichen Störungen der Lust-Unlust-Ökonomie führen können. Ehe ich auf diese Störungen zu sprechen komme, muß ich daher noch einiges über die zuletzt erwähnten Eigenschaften sagen. Sie leiten sich aus den ökologischen Bedingungen her, die obwalteten, als in der menschlichen Stammesgeschichte der in Rede stehende Mechanismus – neben vielen anderen angeborenen Programmierungen menschlichen Verhaltens – ausgebildet wurde. Das Leben des Menschen war damals hart und gefährlich. Als Jäger und Fleischfresser war er stets von den Zufällen seines Beute-Erwerbs abhängig, fast immer hungrig und seiner Nahrung nie sicher, als Tropenwesen, das allmählich in gemäßigte Breiten vordrang, muß er unter dem Klima schwer gelitten haben, und da er mit seinen primitiven Waffen den Großraubtieren seiner Zeit keineswegs überlegen war, muß er in einem Dauerzustand höchster Alarmbereitschaft und Angst gelebt haben.

Unter diesen Umständen war so manches, was wir heute als »sündhaft« oder zumindest als verächtlich betrachten, durchaus richtige, ja lebensnotwendige Strategie des Überlebens. Fraß und Völlerei waren eine Tugend, denn wenn einmal ein Großtier in die Falle gegangen war, war es das Klügste, was ein Mensch tun konnte, sich so voll zu fressen wie nur irgend möglich. Von der Todsünde der Faulheit gilt Analoges, die Anstrengungen, die nötig waren, ein Stück Beute zu erjagen, waren so gewaltig, daß man gut daran tat, nicht mehr Energie zu verausgaben als unbedingt erforderlich. Die Gefahren, die den Menschen auf Schritt und Tritt umlauerten, waren so drohend, daß das Eingehen jedes unnötigen Risikos unverantwortlicher Unsinn und äußerste, an Feigheit grenzende Vorsicht die einzig richtige Maxime allen Handelns war. Kurzum, zu der Zeit, als der Großteil der Instinkte programmiert wurde, die wir heute noch in uns tragen, brauchten unsere Vorfahren die Härten des Daseins nicht in »mannhafter« oder »ritterlicher« Weise zu suchen, denn diese drängten sich ihnen von selbst in gerade eben noch erträglicher Weise auf. Das dem Menschen von seinem phylogenetisch entstandenen Lust-Unlust-Mechanismus aufgezwungene Prinzip, allen vermeidbaren Gefahren und Energie-Ausgaben tunlichst aus dem Wege zu gehen, war damals durchaus richtig.

Die vernichtenden Fehlleistungen, die derselbe Mechanismus unter den Lebensbedingungen heutiger Zivilisation hervorbringt, erklären sich aus seiner phylogenetischen Konstruktion und aus den beiden fundamentalen physiologischen Eigenschaften der Gewöhnbarkeit und der Trägheit. Schon in grauer Vorzeit haben die Weisen der Menschheit ganz richtig erkannt, daß es für den Menschen keineswegs gut ist, wenn er in seinem instinktiven Streben nach Lustgewinn und Unlustvermeidung allzu erfolgreich ist. Schon in alten Zeiten haben es die Menschen hochentwickelter Kulturen verstanden, alle unlustbringenden Reizsituationen zu vermeiden, was zu einer gefährlichen, wahrscheinlich sogar oft zum Untergang einer Kultur führenden *Verweichlichung* führen kann. Seit altersher haben die Menschen herausgefunden, daß man die Wirkung lustbringender Situationen durch besonders schlaue Zusammenstellung der Reize steigern und durch deren ständigen Wechsel vor der Abstumpfung durch Gewöhnung bewahren kann, und diese Erfindung, die in jeder höheren Kultur gemacht wurde, führt zum *Laster*, das indessen kaum jemals ebenso kulturvernichtend wirkt wie die Verweichlichung. Gegen beide ist gepredigt worden, solange weise Männer gedacht und geschrieben haben, und zwar stets mit der größeren Emphase gegen das Laster.

Die Entwicklung der modernen Technologie und vor allem der Pharmakologie leistet nun dem allgemein-menschlichen Streben nach Unlustvermeidung in nie vorher dagewesenem Maße Vorschub. Wir sind uns kaum mehr bewußt, wie sehr wir von dem modernen »Komfort« abhängig geworden sind, so selbstverständlich ist er uns geworden. Die bescheidenste Hausgehilfin würde sofort empört revoltieren, böte man ihr ein Zimmer mit der Heizung, der Beleuchtung sowie der Schlaf- und Waschgelegenheit an, die dem Geheimrat von Goethe oder selbst der Herzogin Anna Amalie von Weimar durchaus ausreichend erschienen. Als vor einigen Jahren in New York durch eine größere Reglerkatastrophe für einige Stunden der elektrische Strom ausfiel, glaubten viele ganz ernstlich, der Weltuntergang sei gekommen. Auch diejenigen unter uns, die von den Vorzügen der guten alten Zeit und vom erziehlichen Werte eines spartanischen Lebens am festesten überzeugt sind, würden ihre Ansichten revidieren, wenn sie gezwungen würden, die vor 2000 Jahren übliche chirurgische Behandlung über sich ergehen zu lassen.

Durch die fortschreitende Beherrschung seiner Umwelt hat

der moderne Mensch ganz zwangsläufig die »Marktlage« seiner Lust-Unlust-Ökonomie in der Richtung einer ständig zunehmenden Sensitivierung gegenüber allen Unlust auslösenden Reizsituationen und einer ebensolchen Abstumpfung gegen alle Lust auslösenden verschoben. Aus einer Reihe von Gründen führt dies zu deletären Folgen.

Die wachsende Intoleranz gegen Unlust – im Verein mit der verringerten Anziehungskraft der Lust – führt dazu, daß die Menschen die Fähigkeit verlieren, saure Arbeit in solche Unternehmen zu investieren, die erst in der späteren Folge einen Lustgewinn versprechen. Daraus resultiert ein ungeduldiges Verlangen nach *sofortiger* Befriedigung aller aufkeimenden Wünsche. Dem Bedürfnis nach Sofortbefriedigung (instant gratification) leisten nun leider die Produzenten und kommerziellen Unternehmen in jeder Weise Vorschub, und merkwürdigerweise durchschauen die Konsumenten nicht, wie sehr sie durch die »entgegenkommenden« Ratengeschäfte in Sklaverei geraten.

Aus leicht einzusehenden Gründen zeitigt das zwanghafte Bedürfnis nach sofortiger Befriedigung auf dem Gebiete des sexuellen Verhaltens besonders böse Folgen. Mit dem Verlust der Fähigkeit, ein weitgestecktes Ziel zu verfolgen, schwinden alle feiner differenzierten Verhaltensweisen der Werbung und der Paarbildung, sowohl die instinktmäßigen wie die kulturell programmierten, also nicht nur jene, die im Verlaufe der Stammesgeschichte zum Zwecke des Paarzusammenhaltes entstanden sind, sondern auch die spezifisch menschlichen Normen des Verhaltens, die im Rahmen des Kulturlebens analogen Funktionen dienen. Das resultierende Verhalten, nämlich die in so vielen heutigen Filmen verherrlichte und zur Norm erhobene Sofort-Begattung als »tierisch« zu bezeichnen, wäre irreführend, da ihresgleichen bei höheren Tieren nur ganz ausnahmsweise vorkommt, »viehisch« wäre etwas besser, wenn man unter »Vieh« Haustiere versteht, denen der Mensch im Interesse leichterer Züchtbarkeit alle höher differenzierten Verhaltensweisen der Paarbildung »weggezüchtet« hat.

Weil dem Mechanismus der Lust-Unlust-Ökonomie, wie erwähnt, die Eigenschaft der Trägheit und damit der Kontrastbildung zu eigen ist, hat das übertriebene Bestreben, die geringste Unlust um jeden Preis zu vermeiden, zur unausbleibenden Folge, daß bestimmte Formen des Lustgewinnes, die eben auf Kontrastwirkung beruhen, unmöglich gemacht werden. Die alte Weisheit aus Goethes Schatzgräber »Saure Wochen, frohe Feste« droht in Vergessenheit zu geraten. Vor allem ist es die *Freude*, die durch wehleidige Unlustvermeidung unerreichbar gemacht wird. Helmut Schulze hat auf die merkwürdige Tatsache hingewiesen, daß das Wort wie der Begriff »Freude« bei Freud nicht vorkommt. Er kennt den Genuß, aber nicht die Freude. Wenn man, so sagt Schulze etwa, verschwitzt und müde, mit durchgekletterten Fingern und schmerzenden Muskeln auf dem Gipfel eines schwer besteigbaren Berges ankommt, mit der Aussicht, alsbald die noch größeren Mühen und Gefahren des Abstieges bestehen zu müssen, so ist dies alles wahrscheinlich kein Genuß, aber die größte Freude, die man sich denken kann. Genuß kann allenfalls noch gewonnen werden, ohne den Preis von Unlust in Gestalt saurer Arbeit dafür zu bezahlen, nicht aber der Freude schöner Götterfunke. Die heutzutage in ständigem Wachsen begriffene Unlust-Intoleranz verwandelt die naturgewollten Höhen und Tiefen des menschlichen Lebens in eine künstlich planierte Ebene, aus den großartigen Wellenbergen und -tälern macht sie eine kaum merkbare Vibration, aus Licht und Schatten ein einförmiges Grau. Kurz, sie erzeugt tödliche Langeweile.

Dieser »emotionelle Wärmetod« scheint nun in ganz besonderer Weise jene Freuden und Leiden zu bedrohen, die sich notwendigerweise aus unseren *sozialen* Beziehungen, aus unseren Bindungen an Gatten und Kinder, an Eltern, Verwandte und Freunde ergeben. Die von Oskar Heinroth 1910 geäußerte Vermutung, »daß es sich bei unserem Benehmen gegen Familie und Fremde, beim Liebes- und Freundschaftswerben um rein angeborene und viel urtümlichere Vorgänge handelt, als wir gemeinhin glauben«, erweist sich durch moderne humanethologische Ergebnisse als durchaus richtig. Die erbliche Programmierung aller dieser höchst komplexen Verhaltensweisen hat zur Folge, daß sie samt und sonders nicht nur Freude, sondern auch viel Leid mit sich bringen. »Ein Irrtum, welcher sehr verbreitet und manchen Jüngling irreleitet, ist der, daß Liebe eine Sache, die immer nur Vergnügen mache«, sagt Wilhelm Busch. Dem Leide aus dem Wege gehen zu wollen heißt, sich einem wesentlichen Teil des menschlichen Lebens zu entziehen. Diese deutliche Tendenz summiert sich in gefährlicher Weise mit derjenigen der schon S. 21 besprochenen Übervölkerungsfolgen (not to get involved). Bizarre, ja unheimliche Auswirkungen hat bei manchen Kulturgruppen das Bestreben, alles Trauern um jeden Preis zu vermeiden, für die Einstellung zum Tode geliebter Menschen. Dieser wird bei großen Anteilen der nordamerikanischen Bevölkerung im Freudschen Sinne verdrängt, der Verstorbene ist plötzlich verschwunden, man spricht nicht von ihm, ja es ist taktlos, dies zu tun, man benimmt sich so, als wäre er nie gewesen. Noch schauerlicher ist die von Evelyn Waugh, dem grausamsten aller Satiriker, in seinem Buche ›The Loved One‹ gegeißelte Verniedlichung des Todes. Man schminkt die Leiche kunstvoll, und es gehört zum guten Ton, Entzücken über ihr hübsches Aussehen zu äußern.

Im Vergleich zu den vernichtenden Wirkungen, welche die weitgehende Unlustvermeidung auf wahres Menschentum ausübt, wirken diejenigen eines ebenso schrankenlosen Strebens nach Lustgewinn geradezu harmlos. Man ist versucht zu sagen, der moderne Zivilisationsmensch sei zu blutlos und blasiert, um ein markantes Laster zu entwickeln. Da sich das fortschreitende Schwinden der Fähigkeit zu Lusterlebnissen großenteils aus der Gewöhnung an starke und immer stärkere Reizsituationen ergibt, ist es nicht verwunderlich, daß blasierte Menschen nach immer *neuen* Reizsituationen fahnden. Diese »Neophilie« betrifft so ziemlich sämtliche Beziehungen zu Umweltobjekten, deren Menschen überhaupt fähig sind. Für den von der in Rede stehenden Kulturkrankheit Befallenen verliert ein Paar Schuhe, ein Anzug oder ein Automobil nach einiger Zeit des Besitzes in völlig analoger Weise seine Anziehungskraft wie die Geliebte, der Freund oder selbst die Heimat. In merkwürdig unbeschwerter Weise verkaufen zum Beispiel viele Amerikaner bei einem Umzug ihren gesamten Hausrat und kaufen sich neue Sachen. Ein ständiges Lockmittel der Annoncen der verschiedensten Reisebüros ist die Aussicht »to make new friends«. Es mag auf den ersten Blick paradox, ja fast zynisch erscheinen, wenn ich behaupte, daß das Bedauern, das unsereiner empfindet, wenn er eine treue alte Hose oder Tabakpfeife in den Abfall wirft, mit der sozialen Bindung an menschliche Freunde gewisse Quellen gemeinsam hat. Wenn ich aber an die Gefühle denke, mit denen ich endlich unseren alten Wagen verkaufte, an den sich unzählige schöne Reise-Erinnerungen knüpften, muß ich eindeutig feststellen, daß sie qualitativ denen beim Abschied von einem Freunde glichen. Diese einem seelenlosen Gegenstand gegenüber natürlich völlig abwegige Reaktion ist gegenüber einem höheren Tiere, z. B. einem Hunde, nicht nur berechtigt, sondern geradezu ein Test für Gemütsreichtum oder -armut eines Menschen. Ich habe mich von vielen Leuten innerlich abgewendet, die von ihrem Hunde erzählten: »... und dann zogen wir in die Stadt und mußten ihn weggeben.«

Die Neophilie ist eine Erscheinung, die den Großproduzenten hochwillkommen ist und die, dank der im VII. Kapitel zu besprechenden Indoktrinierbarkeit der Massen, zu merkantilem Gewinn größten Stiles ausgeschrotet werden kann. »Built-in obsoletion«, d. h. »eingebaute Veraltung«, ist ein Prinzip, das in der Kleider- wie in der Automobilmode eine sehr große Rolle spielt.

Zum Abschluß dieses Kapitels seien noch die Möglichkeiten erwogen, der Verweichlichung und dem Wärmetod des Gefühls therapeutisch entgegenzutreten. So leicht verständlich die Ursachen sind, so schwer sind sie abzustellen. Was fehlt, ist offensichtlich das *naturgegebene Hindernis*, dessen Bewältigung den Menschen stählt, indem sie ihm Unlust-Toleranz aufzwingt, und ihm, wenn sie gelingt, die Freude der Bewährung, des Erfolges zuteil werden läßt. Die große Schwierigkeit liegt darin, daß dieses Hindernis, wie gesagt, naturgegeben sein muß. Die Bewältigung absichtlich herbeigeführter Erschwerungen des Lebens gewährt keine Befriedigung. Kurt Hahn hat große therapeutische Erfolge dadurch erzielt, daß er blasiert-gelangweilte Jugendliche an der Meeresküste zur Rettung Ertrinkender einsetzte: An diesen den tiefen Schichten der Persönlichkeit unmittelbar zugänglichen Bewährungs-Situationen fanden viele der Behandelten wirkliche Heilung. Analoge Wege beschritt Helmut Schulze, indem er seine Patienten in eindringlich gefährliche Situationen brachte, in »Grenzsituationen«, wie er das nennt, in denen, um es einmal ganz vulgär auszudrücken, der wirkliche Ernst des Lebens so hart an die Verweichlichten herantritt, daß ihnen ihre Verrücktheit vergeht. So erfolgreich diese von Hahn und Schulze unabhängig entwickelten Methoden der Therapie sind, schaffen sie keine allgemeine Lösung des Problems, denn man kann nicht künstlich Schiffbrüche in genügender Zahl arrangieren, um allen danach Bedürftigen das heilende Erlebnis der Bewährung zu verschaffen, noch kann man sie alle in Segelflugzeuge setzen und so schrecken, daß ihnen zum Bewußtsein kommt, wie schön das Leben eben doch ist. Ein Modell der möglichen Dauerheilung ist merkwürdigerweise in den gar nicht so seltenen Fällen gegeben, in denen die Langeweile des emotionellen Wärmetodes zum Selbstmordversuch führt, der eine mehr oder weniger schwere Dauerbeschädigung hinterläßt. Ein erfahrener Blindenlehrer aus Wien erzählte mir vor vielen Jahren, daß junge Menschen, die sich in selbstmörderischer Absicht durch einen Schuß in die Schläfe ums Augenlicht gebracht hatten, niemals einen zweiten Suizidversuch anstellten. Sie lebten nicht nur weiter, sondern reiften erstaunlicherweise zu ausgeglichenen, ja glücklichen Menschen heran. Ein ähnlicher Fall betrifft eine Dame, die als junges Mädchen in Selbstmordabsicht aus dem Fenster sprang, sich das Rückgrat brach und anschließend mit ihrer Querschnittsläsion ein glückliches und menschenwürdiges Dasein führte. Ohne allen Zweifel war es die Schaffung eines schwer überwindbaren Hindernisses, das allen diesen aus Langeweile verzweifelnden jungen Menschen das Leben wieder lebenswert machte.

Wir ermangeln nicht der Hindernisse, die wir überwinden müssen, soll die Menschheit nicht zugrunde gehen, und der Sieg über sie ist fürwahr schwer genug, um befriedigende Bewährungs-Situationen für jeden einzelnen von uns zu liefern. Es müßte eine durchaus erfüllbare Aufgabe der Erziehung sein, die Existenz dieser Hindernisse allgemein bekannt zu machen.

VI. Genetischer Verfall

Die Entstehung und noch mehr das Erhaltenbleiben jener sozialen Verhaltensweisen, die zwar der Gemeinschaft Nutzen, dem Einzelwesen aber Schaden bringen, bilden – wie Norbert Bischof neuerdings demonstriert hat – ein schwieriges Problem für jeden Erklärungsversuch durch die Prinzipien von Mutation und Selektion. Wenn auch die nicht ganz leicht verständlichen Vorgänge der Gruppenselektion, auf die ich hier nicht näher eingehen will, die Entstehung »altruistischer« Verhaltensweisen erklären können, so bleibt doch das soziale System, das auf diese Weise entsteht, notwendigerweise *labil.* Wenn zum Beispiel bei der Dohle, Coloeus monedula L., eine Verteidigungsreaktion entstanden ist, bei der sich jedes Individuum mit äußerstem Mut für die Verteidigung eines von einem Raubtier ergriffenen Artgenossen einsetzt, so ist leicht einzusehen, daß und warum eine Gruppe, deren Mitglieder im Besitze dieser Verhaltensweise sind, bessere Überlebens-Aussichten hat als eine, der sie fehlt. Was aber verhindert, daß *innerhalb* der Gruppe Individuen auftreten, denen die Kameraden-Verteidigungsreaktion fehlt? Ausfalls-Mutationen sind immer zu erwarten und treten fast unvermeidlich früher oder später auf. Wenn sie nun die in Rede stehende altruistische Verhaltensweise betreffen, müssen sie für den Betroffenen einen Selektions-Vorteil bedeuten, wofern wir unterstellen, daß das Verteidigen des Artgenossen gefährlich ist. Früher oder später müßten also »asoziale Elemente«, die an den sozialen Verhaltensweisen der noch normalen Sozietätsmitglieder parasitieren, die Gesellschaft durchsetzen. Dies alles gilt selbstverständlich nur für solche gesellig lebende Tiere, bei denen die Funktionen der Fortpflanzung und der sozialen Arbeit nicht auf verschiedene Individuen verteilt sind, wie bei den

»staatenbildenden« Insekten. Bei ihnen bestehen die eben skizzierten Probleme nicht, und vielleicht liegt eben darin der Grund dafür, daß der »Altruismus« der Arbeiter und Soldaten bei diesen Tieren so extreme Formen annehmen konnte.

Was bei sozialen Wirbeltieren die Unterwanderung der Sozietät durch Sozial-Parasiten verhindert, wissen wir nicht. Es ist auch schwer vorzustellen, daß etwa eine Dohle an der »Feigheit« eines sozialen Kumpans, der an einer Kameradenverteidigungs-Reaktion nicht teilnimmt, Anstoß nehmen sollte. »Anstoßnehmen« an asozialem Verhalten kennen wir nur auf einem verhältnismäßig niedrigen und auf dem höchsten Integrations-Niveau lebender Systeme, nämlich auf dem des Zellen-»Staates« und auf dem der menschlichen Gesellschaft. Die Immunologen haben die höchst bedeutsame Tatsache herausgefunden, daß ein enger Konnex zwischen der Fähigkeit zur Antikörperbildung und der Gefahr des Auftretens bösartiger Geschwülste besteht. Ja, man kann die Anschauung vertreten, daß die Bildung spezifischer Abwehrstoffe überhaupt erst unter dem Selektionsdruck »erfunden« wurde, den bei langlebigen und vor allem auch lange weiterwachsenden Organismen die ständige Gefahr ausübte, daß bei den unzähligen Zellteilungen durch sogenannte Sproßmutation gefährliche »asoziale« Zellformen entstehen. Beides, maligne Tumoren und Antikörperbildung, gibt es bei Wirbellosen nicht, und beide treten in der Reihe der Lebewesen bei den niedrigsten Wirbeltieren, den Rundmäulern oder Cyclostomen, zu denen z. B. das Neunauge gehört, ganz unvermittelt auf. Wir würden wahrscheinlich alle in jungen Jahren an bösartigen Geschwülsten sterben, wenn unser Körper in Form seiner Immunreaktionen nicht eine Art »Zellpolizei« ausgebildet hätte, die den asozialen Wucherern rechtzeitig das Handwerk legt.

Bei uns Menschen besitzt das normale Sozietätsmitglied höchst spezifische Reaktionsweisen, mit denen es auf asoziales

Verhalten anspricht. Wir sind »empört« darüber, und der Sanfteste reagiert mit tätlichem Angriff, wenn er Zeuge wird, wie ein Kind mißhandelt oder eine Frau vergewaltigt wird. Eine vergleichende Untersuchung der Rechts-Struktur verschiedener Kulturen zeigt eine Übereinstimmung, die bis in Einzelheiten geht und sich nicht aus kulturhistorischen Zusammenhängen erklären läßt. Goethe sagt: »Vom Rechte, das mit uns geboren ist, von dem ist, leider, nie die Frage.« Der Glaube an die Existenz eines von kulturgebundener Gesetzgebung unabhängigen Naturrechtes ist aber offenbar von alters her mit der Vorstellung verbunden, daß dieses Recht außernatürlicher, unmittelbar göttlicher Herkunft sei.

In einem merkwürdigen Zusammentreffen bekam ich am Tage, an dem ich das vorliegende Kapitel zu schreiben begann, einen Brief von dem vergleichenden Rechtswissenschaftler Peter H. Sand, aus dem ich nun zitiere: »Neuere rechtsvergleichende Untersuchungen beschäftigen sich zunehmend mit den Struktur-*Ähnlichkeiten* zwischen verschiedenen Rechtssystemen der Welt (so zum Beispiel ein vor kurzem veröffentlichtes Team-Projekt der Cornell-Universität, ›Common Core of Legal Systems‹). Für die tatsächlich relativ zahlreichen Übereinstimmungen wurden bisher hauptsächlich drei Erklärungen angeboten: eine metaphysisch-naturrechtliche (entsprechend den Vitalisten in der Naturwissenschaft), eine historische (Ideenaustausch durch Diffusion und Kontakt zwischen den verschiedenen Rechtssystemen, d. h. also durch Imitation erlerntes Verhalten) und eine ökologische (Anpassung an Umweltbedingungen bzw. Infrastruktur, d. h. also durch gemeinsame Erfahrung erlernte Verhaltensweisen). Dazu tritt nun in allerjüngster Zeit eine *psychologische* Erklärung des gemeinsamen ›Rechtsgefühls‹ (Instinktbegriff!) aus typischen Kindheitserfahrungen, in direkter Berufung auf Freud (so vor allem Prof. Albert Ehrenzweig in Berkeley mit seiner ›psychoanalytischen Jurisprudenz‹). Wesentlich an dieser Neuorientierung ist die Erkenntnis, daß hier das soziale Phänomen ›Recht‹ auf Individualstrukturen zurückgeführt wird, nicht umgekehrt wie in der traditionellen Rechtstheorie. Bedauerlich ist dagegen m. E. die fortdauernde Betonung *erlernter* Verhaltensweisen und die Vernachlässigung möglicher *angeborener* Verhaltensweisen im Recht. Nach der Lektüre Ihrer gesammelten Abhandlungen (teils hartes Brot für einen Juristen!) bin ich fest davon überzeugt, daß es sich bei diesem mysteriösen ›Rechtsgefühl‹ (das Wort selbst läßt sich übrigens weit in die ältere Rechtstheorie zurückverfolgen, aber ohne Erklärung) weitgehend um typische angeborene Verhaltensweisen handelt.«

Ich teile diese Anschauung durchaus, bin mir aber der großen Schwierigkeiten ihres zwingenden Nachweises, auf die Herr Prof. Sand in seinem Brief ebenfalls hinweist, völlig bewußt. Was immer aber uns eine zukünftige Forschung über die phylogenetischen und kulturgeschichtlichen Quellen menschlichen Rechtsgefühles mitteilen wird, als wissenschaftlich feststehend können wir betrachten, daß die Art Homo sapiens über ein hochdifferenziertes System von Verhaltensweisen verfügt, das in durchaus analoger Weise wie das System der Antikörperbildung im Zellenstaat der Ausmerzung gemeinschaftsgefährdender Parasiten dient.

Auch in der modernen Kriminologie wird die Frage gestellt, welche Anteile kriminellen Verhaltens auf genetischen Ausfällen von angeborenen sozialen Verhaltensweisen und Hemmungen beruhen und welche aus Störungen in der kulturellen Überlieferung sozialer Normen zu erklären sind. Nur ist hier die Entscheidung dieser Frage, obwohl ebenso schwierig, von viel größerer praktischer Bedeutung als in der Rechtslehre. Recht ist Recht und bleibt gleich befolgenswert, ob seine Struktur nun durch phylogenetische oder kulturelle Entwicklung bestimmt sei. Bei der Beurteilung eines Kriminellen ist die Frage, ob sein Defekt genetisch oder erziehungsmäßig bedingt sei, sehr wesentlich für die Aussichten, ihn wieder zum tragbaren Mitglied der Gesellschaft zu machen. Zwar ist nicht gesagt, daß genetische Aberrationen nicht durch ein gezieltes Training korrigierbar sein können, so wie nach Kretschmer auch viele Leptosome durch eine mit echt schizothymer Konsequenz betriebene Gymnastik sekundär eine nahezu athletische Muskulatur erwerben können. Wäre alles phylogenetisch Programmierte ipso facto unbeeinflußbar durch Lernen und Erziehung, so wäre der Mensch der verantwortungslose Spielball seiner instinktiven Antriebe. Alles kulturelle Zusammenleben hat zur Voraussetzung, daß der Mensch seine Triebe zu zügeln lernt, alle Predigten der Askese haben eben diesen Wahrheitsgehalt. Aber die Herrschaft, die Vernunft und Verantwortlichkeit ausüben, ist nicht von unbegrenzter Stärke. Sie reicht beim Gesunden eben aus, um seine Einordnung in die Kultursozietät leisten zu können. Der seelisch Gesunde und der Psychopath unterscheiden sich – um mein altes Gleichnis anzuführen – nicht mehr voneinander als ein Mensch mit einem kompensierten und einer mit einem dekompensierten Herzfehler. Der Mensch ist, wie Arnold Gehlen so treffend gesagt hat, von Natur aus, d. h. von seiner Phylogenese her, ein Kulturwesen. Mit anderen Worten, seine instinktiven Antriebe und deren kulturbedingte, verantwortliche Beherrschung bilden *ein* System, in dem die Funktionen beider Untersysteme genau aufeinander abgestimmt sind. Ein geringes Zuviel oder Zuwenig auf der einen oder auf der anderen Seite führt zur Störung, leichter als die meisten Menschen meinen, die an die Allmacht der menschlichen Vernunft und des Lernens zu glauben geneigt sind. Das Ausmaß an Kompensation, das der Mensch durch Training seiner Herrschaft über seine Antriebe bewirken kann, scheint leider sehr gering zu sein.

Vor allem weiß die Kriminologie allzu gut, wie gering die Aussichten sind, sogenannte Gemütsarme zu sozialen Menschen zu machen. Dies gilt gleicherweise für gemütsarm geborene wie für solche Unglückliche, die nahezu dieselbe Störung durch Erziehungsmängel, vor allem durch Hospitalisation (René Spitz) erworben haben. Mangel an persönlichem sozialem Kontakt mit der Mutter während der frühesten Kindheit erzeugt – wenn er nicht noch Schlimmeres bewirkt – eine Unfähigkeit zu sozialer Bindung, deren Symptomatik äußerst ähnlich der einer angeborenen Gefühlsarmut ist. Es sind also keineswegs alle angeborenen Defekte unheilbar, noch weniger allerdings alle erworbenen heilbar; der alte Leitsatz des Arztes »Vorbeugen ist besser als heilen« gilt auch für seelische Störungen.

Der Glaube an die Allmacht der bedingten Reaktion trägt einen erheblichen Teil der Schuld an gewissen bizarren Fehlleistungen der Rechtsprechung. F. Hacker berichtete in seinen Vorlesungen an der Menninger Clinic in Topeka, Kansas, von einem Fall, in dem ein junger Mörder, in psychotherapeutische Anstaltsbehandlung genommen, nach einiger Zeit als »geheilt« entlassen, nach ganz kurzer Zeit einen neuen Mord beging. Dieser Vorgang wiederholte sich nicht weniger als viermal, erst als der Kriminelle einen vierten Menschen umgebracht hat, rang sich die humane, demokratische und behavioristische Gesellschaft zu der Erkenntnis durch, daß er gemeingefährlich sei.

Diese vier Toten sind ein geringer Schaden im Vergleich zu dem, den die Einstellung der heutigen öffentlichen Meinung zum Verbrechen schlechthin anrichtet: Die zur Religion gewordene Überzeugung, daß alle Menschen gleich geboren seien und daß alle sittlichen und moralischen Gebrechen des Verbrechers nur auf die Sünden zurückzuführen seien, die seine Erzieher an ihm begangen hätten, führt zur Vernichtung jedes natürlichen Rechtsgefühles, vor allem auch bei dem Ausfallbehafteten selbst, der sich voll Selbstbemitleidung als Opfer der Gesellschaft ansieht. In einer österreichischen Zeitung las man jüngst die Schlagzeile: Siebzehnjähriger wird aus Angst vor den Eltern zum Mörder. Der Bursche hatte nämlich seine zehnjährige Schwester vergewaltigt und, als sie drohte, es den Eltern zu sagen, erwürgt. Die Eltern mögen in komplexer Verkettung der Wirkungen daran wenigstens teilweise Schuld getragen haben, ganz sicher aber nicht dadurch, daß sie dem Jungen zu viel Angst einflößten.

Diese deutlich pathologischen Extreme der Meinungsbildung werden erst dann verständlich, wenn man weiß, daß sie die Funktion eines jener regulativen Systeme ist, die, wie eingangs besprochen, zu *Schwingungen* neigen. Die öffentliche Meinung ist *träge*, sie reagiert erst nach langer »Totzeit« auf neue Einflüsse; außerdem liebt sie grobe Vereinfachungen, die meist Übertreibungen eines Tatbestandes sind. Deshalb ist die Opposition, die eine öffentliche Meinung kritisiert, dieser gegenüber so gut wie immer im Recht. Aber sie begibt sich, im Tauziehen der Meinungen, in extreme Positionen, die sie nie eingenommen hätte, wenn sie nicht die Gegenmeinung zu kompensieren getrachtet hätte. Bricht dann die bisher herrschende Meinung zusammen, was sie ganz plötzlich zu tun pflegt, so schwingt das Pendel nach der ebenso übertriebenen Extremstellung der bisherigen Opposition aus.

Die heutige Zerrform einer liberalen Demokratie steht am Kulminationspunkt einer Schwingung. Am entgegengesetzten, den das Pendel vor nicht allzu langer Zeit durchlaufen hat, stehen Eichmann und Auschwitz, stehen Euthanasie, Rassenhaß, Völkermord und Lynchjustiz. Wir müssen uns klar darüber werden, daß zu beiden Seiten des Punktes, auf den das Pendel wiese, wenn es je zur Ruhe käme, *echte Werte stehen*: auf der »linken« der Wert der freien individuellen Entfaltung, auf der »rechten« Seite der Wert der sozialen und kulturellen Gesundheit. Inhuman werden erst die Exzesse in *beiderlei* Richtung. Die Schwingung geht weiter, und schon zeichnet sich in Amerika die Gefahr ab, daß sie als Reaktion auf die an sich durchaus berechtigte, aber eben maßlose Rebellion der Jugend und der Neger rechtsradikalen Elementen willkommenen Anlaß gibt, mit der alten, unbelehrbaren Maßlosigkeit den Rückschlag ins gegenteilige Extrem zu predigen. Das schlimmste aber ist, daß diese ideologischen Oszillationen nicht nur ungedämpft verlaufen, sondern eine gefährliche Neigung zeigen, sich zur »Reglerkatastrophe« aufzuschaukeln. Sache des Wissenschaftlers ist es, den Versuch zur dringend nötigen *Dämpfung* dieser Teufelsschwingung zu unternehmen.

Es ist eine der vielen Aporien, in die sich die zivilisierte Menschheit hineinmanövriert hat, daß auch hier wieder die Forderungen der Menschlichkeit gegenüber dem einzelnen mit den Interessen der Menschheit in Widerspruch stehen. Unser Mitleid mit dem asozialen Ausfallbehafteten, dessen Minderwertigkeit ebensogut durch irreversible, frühkindliche Schädigungen (Hospitalisation!) verursacht sein kann wie durch erbliche Mängel, verhindert, daß der Nicht-Ausfallbehaftete geschützt wird. Man darf nicht einmal die Worte »minderwertig« und »vollwertig«, auf Menschen angewendet, gebrauchen, ohne sofort verdächtigt zu werden, man plädiere für die Gaskammer.

Zweifellos ist das »mysteriöse Rechtsgefühl«, von dem P. H. Sand spricht, ein System genetisch verankerter Reaktionen, die uns gegen asoziales Verhalten von Artgenossen einzuschreiten veranlassen. Sie geben die in historischen Zeiträumen unwandelbare Grundmelodie an, um die herum die unabhängig voneinander entstandenen Rechts- und Moralsysteme der einzelnen Kulturen komponiert worden sind. Ganz zweifellos ist die Wahrscheinlichkeit krasser Fehlleistungen dieses unreflektierten Rechtsgefühles ebenso groß wie bei nur irgendeiner instinktiven Reaktionsweise. Der Angehörige einer fremden Kultur, der sich »vorbeibenimmt« (zum Beispiel, indem er, wie es Teilnehmer der ersten deutschen Neuguinea-Expedition taten, eine heilige Palme fällt), wird mit demselben Gefühle selbstgefälliger Gerechtigkeit umgebracht wie etwa ein Sozietätsmitglied, das ein wenn auch unverschuldetes Vergehen gegen die Tabus der Kultur begangen hat. Das »Mobbing«, das so leicht zur Lynchjustiz führt, ist in der Tat eine der inhumansten Verhaltensweisen, zu denen normale moderne Menschen gebracht werden können. Es verursacht alle Grausamkeiten gegen die »Barbaren« außerhalb wie gegen die Minderheiten innerhalb der eigenen Sozietät, es verstärkt die Neigung zur Pseudo-Artenbildung im Sinne Eriksons und liegt sehr vielen anderen, der Sozialpsychologie wohlbekannten Projektionsphänomenen zugrunde, zum Beispiel der typischen Suche nach einem »Sündenbock« für eigenes Versagen, und noch vielen anderen, äußerst gefährlichen und unmoralischen Impulsen, die – für den Ungeübten intuitiv nicht unterscheidbar – in jenes globale Rechtsgefühl eingehen.

Dennoch ist dieses für das Wirkungsgefüge unserer sozialen Verhaltensweisen so unentbehrlich wie die Schilddrüse für das unserer Hormone, und die heute durchaus deutliche Tendenz, es in Bausch und Bogen zu verdammen und unwirksam zu machen, ist genauso verfehlt wie die Versuche, die Basedowsche Erkrankung durch Totalexstirpation der Thyreoidea zu heilen. Die Ausschaltung des natürlichen Rechtsgefühls durch die heutige Tendenz zur absoluten Toleranz wird in ihrer gefährlichen Wirkung verstärkt durch die pseudodemokratische Doktrin, daß alles menschliche Verhalten erlernt sei. Vieles in unserem sozietäts-erhaltenden und sozietäts-schädigenden Verhalten ist Segen oder Fluch frühkindlicher Prägung durch ein mehr oder ein weniger einsichtiges, verantwortungsbewußtes und vor allem emotional gesundes Elternpaar. Ebenso vieles, wenn nicht mehr noch, ist genetisch bedingt. Wir wissen, daß das große Regulativ der verantwortlichen, kategorischen Frage sowohl erziehungsbedingte als auch genetische Unzulänglichkeiten sozialen Verhaltens nur innerhalb enger Grenzen zu kompensieren vermag.

Wenn man biologisch denken gelernt hat und von der Macht instinktiver Antriebe ebenso weiß wie von der relativen Ohnmacht aller verantwortlichen Moral und aller guten Vorsätze und wenn man zusätzlich noch einige psychiatrisch-tiefenpsychologische Einsicht in das Zustandekommen von Störungen sozialen Verhaltens hat, ist einem die Möglichkeit benommen, den »Delinquenten« mit jenem selbstgerechten Zorne zu verdammen, wie jeder gefühlsstarke Naive dies tut. Man sieht dann im Ausfallbehafteten weit mehr den bemitleidenswerten Kranken als den satanisch Bösen, was rein theoretisch ja auch völlig richtig ist. Wenn dann aber zu dieser berechtigten Einstellung noch der Irrglaube der pseudodemokratischen Doktrin tritt, daß alles menschliche Verhalten durch Konditionierung strukturiert, daher auch durch sie unbegrenzt verändert und korrigiert werden könne, so kommt es zur schweren Versündigung an der menschlichen Gemeinschaft.

Um sich die Gefahren zu vergegenwärtigen, die der Menschheit aus erblichen Instinkt-Ausfällen erwachsen, muß man sich klarmachen, daß unter den Bedingungen des modernen Zivilisationslebens kein einziger Faktor am Werke ist, der auf schlichte Güte und Anständigkeit hin Selektion treibt, es sei denn das uns eingeborene Gefühl für diese Werte. Im wirtschaftlichen Wettbewerb der westlichen Kultur steht ein eindeutig negatives Selektionsprämium auf ihnen! Es ist noch ein Glück, daß wirtschaftlicher Erfolg nicht unbedingt positiv mit der Fortpflanzungsrate korreliert ist.

Eine gute Illustration für die Unentbehrlichkeit der Moral ist ein alter jüdischer Witz: Ein Milliardär kommt zu einem Schadchen (Heiratsvermittler) und läßt durchblicken, daß er zu heiraten wünsche. Der Schadchen, voll Eifer, stimmt sofort ein Preislied auf ein überaus schönes Mädchen an, das dreimal hintereinander Miß America geworden sei, aber der reiche Mann winkt ab: »Schön bin ich mir selber genug!« Der Schadchen, mit der Wendigkeit seiner Profession, rühmt sofort eine andere prospektive Braut, deren Mitgift mehrere Milliarden Dollar betrage. »Reich brauch' ich nicht«, sagt der Krösus, »reich bin ich mir selber genug.« Der Schadchen zieht alsbald ein drittes Register und spricht nun von einer Braut, die schon mit 21 Jahren Dozent für Mathematik war und gegenwärtig, mit 24, ordentlicher Professor für Informationstheorie am MIT sei. »Gescheit brauch' ich nicht«, sagt der Milliardär verächtlich, »gescheit bin ich mir selber genug!« Da ruft der Schadchen in Verzweiflung: »Ja um Gottes willen, was *soll* sie denn sein?« »*Anständig* soll sie sein«, lautet die Antwort.

Wie schnell beim Wegfallen spezifischer Selektion der Verfall sozialer Verhaltensweisen einsetzen kann, wissen wir von unseren Haustieren, ja selbst von Wildformen, die in Gefangenschaft weitergezüchtet wurden. Bei manchen brutpflegenden Fischen, die von kommerziellen Züchtern durch wenige Generationen künstlich vermehrt wurden, ist die genetische Anlage der Brutpflegehandlungen so gestört, daß man unter Dutzenden kaum ein Paar findet, das noch imstande ist, seine Brut richtig zu betreuen. Merkwürdig analog wie beim Verfall kulturbedingter sozialer Verhaltensnormen (S. 68 ff.) scheinen auch hier die am höchsten differenzierten und geschichtlich jüngsten Mechanismen gegen die Störung besonders anfällig zu sein. Die alten, allgemein verbreiteten Triebe, wie die der Nahrungsaufnahme und der Begattung, neigen sehr oft zur

Hypertrophie, wobei allerdings zu bedenken ist, daß der züchtende Mensch sehr wahrscheinlich wahlloses und gieriges Fressen und ebensolchen Begattungstrieb selektiv fördert, Aggressions- und Fluchttrieb dagegen als störend wegzuzüchten trachtet.

Im ganzen gesehen, ist das Haustier in der Tat eine böse Karikatur seines Herrn. In einer früheren Arbeit (1954) habe ich darauf hingewiesen, daß unser ästhetisches Wertempfinden deutliche Beziehungen zu jenen körperlichen Veränderungen zeigt, die im Zuge der Haustierwerdung regelmäßig auftreten. Muskelschwund und Fettansatz samt resultierendem Hängebauch, Verkürzung der Schädelbasis und der Extremitäten sind typische Domestikationsmerkmale und werden an Tier und Mensch allgemein als häßlich empfunden, während ihre Gegenteile den Besitzer als »edel« erscheinen lassen. Völlig analog ist unsere gefühlsmäßige Bewertung der Verhaltensmerkmale, die durch Domestikation vernichtet oder mindestens gefährdet werden: Mutterliebe, selbstloser und mutiger Einsatz für Familie und Sozietät sind genausogut instinktmäßig programmierte Verhaltensnormen wie Fressen und Begattung, wir empfinden sie aber eindeutig als etwas Besseres und Edleres als diese.

In jenen Abhandlungen habe ich in allen Einzelheiten dargetan, welch enge Beziehungen zwischen der Gefährdung bestimmter Merkmale durch Domestikation und der Wertung bestehen, die unsere ethischen und ästhetischen Gefühle ihnen zuteil werden lassen. Die Korrelation ist viel zu deutlich, um Zufall zu sein, und die einzige Erklärung liegt in der Annahme, daß unsere Werturteile auf eingebauten Mechanismen beruhen, die ganz bestimmten, der Menschheit drohenden Verfallserscheinungen einen Riegel vorschieben sollen. Es liegt die Annahme nahe, daß unsere Rechtsgefühle ebenfalls auf einer phylogenetisch programmierten Anlage beruhen, deren Funktion es ist, der Infiltration der Sozietät durch asoziale Artgenossen entgegenzuwirken.

Ein Syndrom erblicher Veränderungen, das ganz zweifellos beim Menschen und bei seinen Haustieren in analoger Weise und aus gleichen Gründen aufgetreten ist, ist die merkwürdige Kombination von geschlechtlicher Frühreife und dauernder Verjugendlichung. Schon vor langer Zeit hat Bolk darauf hingewiesen, daß der Mensch in sehr vielen körperlichen Merkmalen der Jugendform seiner nächsten zoologischen Verwandten weit ähnlicher sei als den erwachsenen Tieren. Das dauernde Verharren in einem Jugendzustand bezeichnet man sonst in der Biologie als Neotenie. L. Bolk (1926) weist auf diese Erscheinung beim Menschen hin, legt aber besonderes Gewicht auf die Verlangsamung der menschlichen Ontogenese und spricht meist von Retardation. Ähnliches wie für die Ontogenese des menschlichen Körpers gilt auch für die seines Verhaltens. Wie ich (1943) zu zeigen versucht habe, ist die bis ins hohe Alter andauernde spielerische Forschungsneugier des Menschen, seine Weltoffenheit, wie Arnold Gehlen (1940) es nennt, ein persistierendes Jugendmerkmal.

Kindlichkeit ist eins der wichtigsten, unentbehrlichsten und im edelsten Sinne humanen Merkmale des Menschen. »Der Mensch ist nur dort ganz Mensch, wo er spielt«, sagt Friedrich Schiller. »Im echten Manne ist ein Kind versteckt, das will spielen«, sagt Nietzsche. »Wieso versteckt?« fragt meine Frau. Otto Hahn sagte in den ersten paar Minuten unserer Bekanntschaft zu mir: »Sagen Sie, sind Sie eigentlich kindlich? Ich hoffe, Sie mißverstehen mich nicht!«

Kindliche Eigenschaften gehören ohne allen Zweifel zu den Voraussetzungen der Menschwerdung. Die Frage ist nur, ob die den Menschen kennzeichnende genetische Verkindlichung nicht in einem Maße fortschreitet, das verderblich werden kann. Ich habe schon S. 39 ff. auseinandergesetzt, daß die

Erscheinungen der Unlust-Intoleranz und der Gefühls-Verflachung zu infantilem Verhalten führen können. Es besteht der dringende Verdacht, daß sich kulturell bedingte Vorgänge zu diesen genetisch bedingten addieren können. Ungeduldige Forderung nach sofortiger Triebbefriedigung, Mangel jeglicher Verantwortlichkeit und jeglicher Rücksichtnahme auf die Gefühle anderer sind für kleine Kinder typisch und bei ihnen völlig verzeihlich. Geduldiges Hinarbeiten auf ferne Ziele, Verantwortung des eigenen Tuns und Rücksichtnahme auch auf Fernerstehende sind Verhaltensnormen, die für den *reifen* Menschen kennzeichnend sind.

Von *Unreife* sprechen die Krebsforscher, um eine der grundlegenden Eigenschaften der bösartigen Geschwulst zu kennzeichnen. Wenn eine Zelle alle jene Eigenschaften abstößt, die sie zum Teil und Glied eines bestimmten Körpergewebes, der Oberhaut, des Darmepithels oder der Brustdrüse machen, so »regrediert« sie notwendigerweise auf einen Zustand, der einer stammes- oder individualgeschichtlich früheren Entwicklungsphase entspricht, das heißt, sie beginnt sich wie ein einzelliger Organismus oder wie eine embryonale Zelle zu benehmen, indem sie sich ohne Rücksicht auf die Ganzheit des Körpers zu teilen beginnt. Je weiter die Regression geht, je mehr das neugebildete Gewebe sich von dem normalen unterscheidet, desto bösartiger der Tumor. Ein Papillom, das immerhin noch viele Eigenschaften normaler Oberhaut besitzt, nur daß es als Warze über deren Oberfläche emporwuchert, ist ein gutartiger, ein Sarkom, das aus lauter gleichen, völlig undifferenzierten Mesodermzellen besteht, ein bösartiger Tumor. Das verderbliche Wachstum bösartiger Tumoren beruht, wie schon angedeutet, darauf, daß gewisse Abwehrmaßnahmen versagen oder von den Tumorzellen unwirksam gemacht werden, mittels deren der Körper sich sonst gegen das Auftreten »asozialer« Zellen schützt. Nur, wenn diese vom umgebenden Gewebe als seinesgleichen behandelt und ernährt werden, kann es zu dem tödlichen infiltrativen Wachstum der Geschwulst kommen.

Die schon besprochene (S. 64) Analogie läßt sich hier weiterführen. Ein Mensch, der durch das Ausbleiben der Reifung sozialer Verhaltensnormen in einem infantilen Zustand verharrt, wird notwendigerweise zum Parasiten der Gesellschaft. Er erwartet als selbstverständlich die Fürsorge der Erwachsenen weiter zu genießen, die nur dem Kinde zusteht. In der ›Süddeutschen Zeitung‹ wurde jüngst von einem Jüngling berichtet, der seine Großmutter totgeschlagen hatte, um ein paar Mark für einen Kinobesuch zu rauben. Seine Verantwortung bestand in hartnäckiger Wiederholung der Aussage, er habe seiner Großmutter doch *gesagt*, daß er Geld füs Kino brauche. Dieser Mann war natürlich erheblich schwachsinnig.

Unzählige Jugendliche sind der heutigen Gesellschaftsordnung und damit auch ihren Eltern gegenüber feindlich eingestellt. Daß sie ungeachtet dieser Haltung als selbstverständlich erwarten, von dieser Gesellschaft und diesen Eltern erhalten zu werden, zeigt ihre unreflektierte Infantilität.

Wenn die fortschreitende Infantilisierung und wachsende Jugend-Kriminalität des Zivilisationsmenschen tatsächlich, wie ich befürchte, auf genetischen Verfallserscheinungen beruht, so sind wir in schwerster Gefahr. Unsere gefühlsmäßige Hochwertung des Guten und Anständigen ist mit erdrückender Wahrscheinlichkeit der einzige Faktor, der heute noch gegen Ausfallserscheinungen sozialen Verhaltens eine einigermaßen wirksame Selektion treibt. Selbst der abgebrühte Geldmensch unseres vielsagenden Witzes möchte ein anständiges Mädchen heiraten! Alles, was in den vorangehenden Abschnitten besprochen wurde, die Übervölkerung, die kommerzielle Konkurrenz, die Zerstörung unserer natürlichen Umgebung und die Entfremdung von ihrer ehrfurchtgebietenden

Harmonie, der durch Verweichlichung bewirkte Schwund der Fähigkeit zu starken Gefühlen, dies alles wirkt zusammen, um dem modernen Menschen jegliches Urteil darüber zu rauben, was gut und was böse ist. Zu alledem aber kommt dann noch die Exkulpation des Asozialen, die uns durch die Einsicht in die genetischen und psychologischen Gründe seiner Fehlleistungen aufgedrängt wird.

Wir müssen es lernen, einsichtsvolle Humanität dem Individuum gegenüber mit der Berücksichtigung dessen zu verbinden, was der menschlichen Gemeinschaft not tut. Der Einzelmensch, der mit dem Ausfall bestimmter sozialer Verhaltensweisen und dem gleichzeitigen Ausfall der Fähigkeit zu den sie begleitenden Gefühlen geschlagen ist, ist tatsächlich ein armer Kranker, der unser volles Mitleid verdient. Der Ausfall selbst aber *ist das Böse schlechthin.* Er ist nicht nur die Negation und Rückgängigmachung des Schöpfungsvorganges, durch den ein Tier zum Menschen wurde, sondern etwas viel Schlimmeres, ja Unheimliches. In irgendeiner geheimnisvollen Weise führt die Störung moralischen Verhaltens nämlich sehr oft nicht zu einem einfachen Fehlen alles dessen, was wir als gut und anständig empfinden, sondern zu einer aktiven Feindschaft dagegen. Eben dies ist das Phänomen, das viele Religionen an einen Feind und Gegenspieler Gottes glauben läßt. Wenn man wachen Auges alles das betrachtet, was gegenwärtig auf der Welt geschieht, kann man einem Gläubigen nicht widersprechen, der die Ansicht vertritt, der Antichrist sei los.

Zweifellos droht uns durch den Verfall genetisch verankerten sozialen Verhaltens die Apokalypse, und zwar in einer besonders gräßlichen Form. Doch ist diese Gefahr wohl leichter zu bannen als andere, wie die der Übervölkerung oder des Teufelskreises des kommerziellen Wettbewerbs, denen man nur durch umwälzende Maßnahmen, zumindest durch eine erzieherische Umwertung aller heute verehrten Scheinwerte entgegentreten kann. Zur Verhinderung des genetischen Verfalls der Menschheit genügt es, der alten Weisheit eingedenk zu bleiben, die der weiter oben zitierte alte jüdische Witz in klassischer Weise ausspricht. Es genügt, bei der Gattenwahl die einfache und selbstverständliche Forderung nicht zu vergessen: *Anständig* muß sie sein – und er nicht minder.

Ehe ich mich dem nächsten Kapitel zuwende, das von den Gefahren des Traditions-Verlustes handelt, die durch die allzu radikale Rebellion der Jugend heraufbeschworen werden, muß ich einem möglichen Mißverständnis vorbeugen. Alles das, was im Vorangehenden über die gefährlichen Folgen der zunehmenden Infantilisierung gesagt wurde, insbesondere über das Schwinden von Verantwortungsbewußtsein und von Wertempfindungen, bezieht sich auf die rasch anwachsende Jugend-Kriminalität und keineswegs auf die weltweite Rebellion der heutigen Jugendlichen. So energisch ich im Folgenden den gefährlichen Irrtümern entgegentreten werde, denen sie sich hingeben, so unmißverständlich sei hier festgestellt, daß sie keineswegs an einem Mangel sozialen und moralischen Empfindens und noch weniger an Wertblindheit leiden. Ganz im Gegenteil: Sie haben ein ungemein richtiges Empfinden dafür, daß nicht nur etwas faul ist im Staate Dänemark, sondern daß in sehr viel größeren Staaten sehr vieles faul ist.

VII. Abreißen der Tradition

Die Entwicklung einer menschlichen Kultur zeigt einige bemerkenswerte Analogien zur phyletischen Artentwicklung. Die *kumulierende Tradition,* die aller Kulturentwicklung zugrunde liegt, beruht auf wesensmäßig neuen, bei keiner Tierart vorhandenen Leistungen, vor allem auf begrifflichem Denken und Wortsprache, die durch die Fähigkeit, freie Symbole zu bilden, dem Menschen eine nie vorher dagewesene Möglichkeit zur Verbreitung und Überlieferung individuell erworbenen Wissens eröffnen. Diese »Vererbung erworbener Eigenschaften«, die als Folge hiervon auftritt, ist ihrerseits der Grund dafür, daß sich die geschichtliche Entwicklung einer Kultur um mehrere Zehnerpotenzen schneller vollzieht als die Phylogenese einer Art.

Sowohl die Verfahren, durch welche eine Kultur neues, systemerhaltendes Wissen hinzuerwirbt, als auch diejenigen, durch die sie es festhält, sind von denen des Artenwandels verschieden. Die Methode jedoch, mit welcher unter dem vielen Angebotenen das Festzuhaltende ausgewählt wird, ist offenbar in Art- und Kulturentwicklung dieselbe, nämlich Auswahl nach gründlicher Erprobung. Gewiß, die Selektion, durch die Strukturen und Funktionen einer Kultur bestimmt werden, ist nicht ganz so streng wie diejenige, die im Artenwandel am Werke ist, weil sich der Mensch durch die ständig wachsende Beherrschung der umgebenden Natur einem selektierenden Faktor nach dem anderen entzieht. Bei Kulturen findet man daher öfters, was bei Arten kaum vorkommt: sogenannte Luxusbildungen, d. h. Strukturen, deren Form sich *nicht* aus einer systemerhaltenden Leistung, auch nicht aus einer früheren, ableitet. Der Mensch kann es sich eben erlauben, mehr unnützen Ballast mitzuschleppen als ein wildes Tier.

Merkwürdigerweise ist es offenbar die Selektion *allein*, die darüber entscheidet, was als traditionelle, »geheiligte« Sitte und Gewohnheit in den dauernden Wissensschatz einer Kultur eingeht. Es will nämlich scheinen, als ob auch Erfindungen und Entdeckungen, die durch Einsicht und rationale Exploration gemacht werden, den Charakter des Rituellen, ja Religiösen annehmen, wenn sie durch längere Zeit tradiert worden sind. Darauf werde ich im nächsten Kapitel noch zurückkommen müssen. Untersucht man die herkömmlichen sozialen Verhaltensnormen einer Kultur, so wie sie im Augenblick vorgefunden werden, also ohne Einführung einer historisch vergleichenden Betrachtungsweise, so kann man unter ihnen solche, die zufällig entstandenem »Aberglauben« entstammen, nicht von solchen unterscheiden, die echten Einsichten und Erfindungen ihren Ursprung verdanken. Überspitzt könnte man sagen, *alles*, was über längere Zeiträume durch kulturelle Tradition überliefert wird, nimmt schließlich den Charakter eines »Aberglaubens« oder einer »Doktrin« an.

Dies mag zunächst als ein »Konstruktionsfehler« des Mechanismus erscheinen, der in menschlichen Kulturen Wissen erwirbt und speichert. Bei längerem Nachdenken aber wird man finden, daß größte Konservativität im Festhalten des einmal Erprobten zu den lebensnotwendigen Eigenschaften des Apparates gehört, dem in der Kulturentwicklung eine analoge Aufgabe zufällt, wie sie im Artenwandel vom Genom geleistet wird. Das Festhalten ist nicht nur ebenso wichtig, sondern sehr viel wichtiger als das Hinzuerwerben, und man muß sich vor Augen halten, daß wir ohne ganz speziell darauf gerichtete Untersuchungen durchaus nicht wissen können, welche von den Sitten und Gebräuchen, die uns von der Tradition unserer Kultur überliefert werden, entbehrlicher, überalterter Aberglaube und welche unentbehrliches Kulturgut sind. Auch bei Verhaltensnormen, deren üble Auswirkung selbstverständlich scheint, wie etwa beim Kopfjagen mancher Stämme Borneos und Neuguineas, ist durchaus nicht abzusehen, welche Rückwirkungen ihre radikale Abschaffung auf das System sozialer Verhaltensnormen ausüben wird, das die betreffende Kulturgruppe zusammenhält. Ein solches System stellt nämlich gewissermaßen das Skelett jeglicher Kultur dar, und ohne Einsicht in die Vielzahl seiner Wechselwirkungen ist es höchst gefährlich, willkürlich ein Element aus ihm zu entfernen.

Der Irrglaube, daß nur das rational Erfaßbare oder gar nur das wissenschaftlich Nachweisbare zum festen Wissensbesitz der Menschheit gehöre, wirkt sich verderblich aus. Er führt die »wissenschaftlich aufgeklärte« Jugend dazu, den ungeheuren Schatz von Wissen und Weisheit über Bord zu werfen, der in den Traditionen jeder alten Kultur wie in den Lehren der großen Weltreligionen enthalten ist. Wer da meint, all dies sei null und nichtig, gibt sich folgerichtig auch einem anderen, ebenso verderblichen Irrtum hin, indem er in der Überzeugung lebt, Wissenschaft könne selbstverständlich eine ganze Kultur mit allem Drum und Dran auf rationalem Wege und aus dem Nichts erzeugen. Dies ist nur um ein weniges weniger dumm als die Meinung, unser Wissen reiche hin, um durch Eingriffe in das menschliche Genom den Menschen willkürlich zu »verbessern«. Eine Kultur enthält ebensoviel »gewachsenes«, durch Selektion erworbenes Wissen wie eine Tierart, die man bekanntlich bisher auch noch nicht »machen« kann!

Die gewaltige Unterschätzung des nicht-rationalen, kulturellen Wissensschatzes und die gleiche Überschätzung dessen, was der Mensch als Homo faber mittels seiner Ratio auf die Beine zu stellen vermag, sind aber keineswegs die einzigen Faktoren, die unsere Kultur mit Vernichtung bedrohen, ja nicht einmal die ausschlaggebenden. Eine überhebliche Aufklärung hätte keinen Grund, der überkommenen Tradition ausgesprochen feindselig entgegenzutreten. Sie würde sie allenfalls so behandeln wie etwa ein Biologe eine alte Bäuerin, die ihm eindringlich versichert, daß Flöhe dadurch entstünden, daß Sägespäne mit Urin befeuchtet würden. Die Einstellung eines großen Teiles der heutigen jüngeren Generation gegen die ihrer Eltern hat zwar ein gerütteltes Maß von überheblicher Verachtung, aber nichts von Milde. Die Revolution der heutigen Jugend ist von *Haß* getragen, und zwar von einem solchen, der dem gefährlichsten und am schwersten zu überwindenden aller Haßgefühle, dem *Nationalhaß*, aufs nächste verwandt ist. Mit anderen Worten, die revoltierende Jugend reagiert auf die ältere Generation in derselben Weise, in der sonst eine Kulturgruppe oder »ethnische« Gruppe auf eine fremde und feindliche reagiert.

Es war Erik Erikson, der als erster darauf hingewiesen hat, wie weitgehend analog die divergierende Entwicklung unabhängiger ethnischer Gruppen in der Kulturgeschichte derjenigen ist, die Unterarten, Arten und Gattungen in ihrer Stammesgeschichte durchlaufen. Er sprach von »pseudo-speciation«, von »Schein-Artenbildung«. Es sind kulturhistorisch entstandene Riten und Normen sozialen Verhaltens, die einerseits kleinere und größere kulturelle Einheiten in sich zusammenhalten, sie andererseits aber voneinander absetzen. Eine bestimmte Art von »Manieren«, ein spezieller Gruppendialekt, eine Art, sich zu kleiden usw. können zum Symbol einer Gemeinschaft werden, das in ähnlicher Weise geliebt und verteidigt wird wie eben diese Gruppe persönlich bekannter und geliebter Menschen. Wie ich anderen Ortes (1967) auseinandergesetzt habe, geht diese Hochschätzung aller Symbole der eigenen Gruppe mit einer entsprechenden Abwertung derjenigen jeder anderen, vergleichbaren kulturellen Einheit einher. Je länger sich zwei ethnische Gruppen unabhängig voneinander entwickelt haben, desto größer werden die Unterschiede, und man kann aus ihnen, in analoger Weise wie aus den Merkmal-Verschiedenheiten von Tierarten, den Gang der Entwicklung rekonstruieren. Hier wie dort kann man mit Sicherheit annehmen, daß die weiter verbreiteten, größeren Einheiten zukommenden Merkmale die älteren seien.

Jede genügend scharf umschriebene Kulturgruppe neigt dazu, sich tatsächlich als eine eigene Spezies zu betrachten, insofern nämlich, als sie die Mitglieder anderer, vergleichbarer Einheiten nicht für vollwertige Menschen hält. In sehr vielen Eingeborenensprachen bedeutet die Bezeichnung des eigenen Stammes ganz einfach »Mensch«. Ein Mitglied des Nachbarstammes totzuschlagen bedeutet somit keinen wirklichen Mord! Diese Konsequenz der Schein-Artenbildung ist höchst gefährlich, weil durch sie die Hemmung, einen Artgenossen zu töten, weitgehend beseitigt wird, während die durch Artgenossen, und nur durch diese, ausgelöste intraspezifische Aggression wirksam bleibt. Man hat auf die »Feinde« eine Wut, wie man sie nur auf andere Menschen haben kann, selbst auf das böseste Raubtier nicht, und man darf ruhig auf sie schießen, denn es sind ja keine wirklichen Menschen. Selbstverständlich gehört es zur bewährten Technik aller Kriegshetzer, dieser Meinung Vorschub zu leisten.

Es ist eine recht beunruhigende Tatsache, daß die heutige jüngere Generation ganz unzweideutig beginnt, die ältere als eine fremde Pseudospezies zu behandeln. Dies drückt sich in vielerlei Symptomen aus. Konkurrierende und feindliche ethnische Gruppen pflegen in betonter Weise verschiedene Trachten auszubilden oder ad hoc zu schaffen. In Mitteleuropa sind ortskennzeichnende Bauerntrachten längst verschwunden, nur in Ungarn sind sie überall dort in vollster Ausbildung erhalten geblieben, wo ungarische und slowakische Dörfer dicht nebeneinanderliegen. Dort trägt man seine Tracht mit Stolz, und zwar ganz eindeutig mit der Absicht, die Mitglieder der anderen ethnischen Gruppen zu ärgern. Genau dies tun sehr viele selbstkonstituierte Gruppen rebellierender Jugendlicher, wobei es ganz erstaunlich ist, wie sehr sich bei ihnen – trotz angeblicher größter Ablehnung alles Militärischen – der Drang zur *Uniformierung* durchsetzt. Die verschiedenen Untergruppen der Beatniks, Teddyboys, Rocks, Mods, Rockers, Hippies, Gammler usw. sind dem »Fachmann« an ihrer Tracht ebenso sicher erkennbar, wie die Regimenter des kaiserlich-königlich österreichischen Heeres es einmal waren.

In Sitten und Gebräuchen sucht die rebellierende Jugend sich ebenfalls so scharf wie nur möglich von der Elterngeneration zu distanzieren, und zwar nicht etwa dadurch, daß sie deren herkömmliches Verhalten einfach ignoriert, sondern indem sie jede kleinste Einzelheit wohl beachtet und in das genaue Gegenteil verkehrt. Darin liegt zum Beispiel eine der Erklärungen für das Auftreten sexueller Exzesse bei Menschengruppen, deren allgemeine sexuelle Potenz anscheinend erniedrigt ist. Ebenfalls nur aus dem intensiven Wunsch nach Durchbrechung elterlicher Verbote zu erklären ist es, wenn rebellierende Studenten öffentlich urinieren und defäkieren, wie das an der Wiener Universität vorgekommen ist.

Die Motivation all dieser merkwürdigen, ja bizarren Verhaltensweisen ist den betreffenden jungen Menschen völlig unbewußt, und sie geben die verschiedensten, oft recht überzeugend klingenden Pseudo-Rationalisierungen für ihr Benehmen an: Sie protestieren gegen die allgemeine Gefühllosigkeit ihrer reichen Eltern für Arme und Hungernde, gegen den Krieg in Vietnam, gegen die Eigenmächtigkeit der Universitätsbehörden, gegen sämtliche »Establishments« aller Richtungen – wenn auch merkwürdig selten gegen die Vergewaltigung der Tschechoslowakei durch die Sowjetunion. In Wirklichkeit aber richtet sich der Angriff ziemlich wahllos gegen alle älteren Menschen, ohne irgendwelche Berücksichtigung ihres politischen Bekenntnisses. Die linksradikalsten Professoren werden von linksradikalen Studenten nicht merklich weniger beschimpft als rechts orientierte; H. Marcuse wurde einmal von kommunistischen Studenten unter der Führung Cohn-Bendits in der gröblichsten Weise beschimpft und mit wahrhaft hirnerweichten Anschuldigungen überhäuft, zum Beispiel wurde ihm vorgeworfen, daß er vom CIA bezahlt werde. Der Angriff war nicht dadurch motiviert, daß er einer anderen politischen Richtung, sondern ausschließlich dadurch, daß er einer anderen Generation angehört.

Ebenso unbewußt und gefühlsmäßig *versteht* die ältere Generation die angeblichen Proteste als das, was sie wirklich sind, als haßerfüllte Kampfansagen und Beschimpfung. So kommt es zu einer rapiden und gefährlichen Eskalation eines Hasses, der – wie schon gesagt – wesensverwandt mit dem Haß verschiedener ethnischer Gruppen, d. h. mit nationalem Haß ist. Selbst als geübter Ethologe finde ich es schwer, auf die schöne blaue Bluse des wohlsituierten Kommunisten Cohn-Bendit nicht mit Zorn zu reagieren, und man braucht nur den Gesichtsausdruck solcher Leute zu beobachten, um zu wissen, daß diese Wirkung erwünscht ist. All dies verringert die Aussichten auf eine Verständigung auf ein Minimum.

Sowohl in meinem Buch über Aggression (1963) wie in öffentlichen Vorträgen (1968, 1969) habe ich die Frage diskutiert, worin wahrscheinlich die ethologischen Ursachen des Generationenkrieges zu suchen seien, ich kann mich daher hier auf das Allernötigste beschränken. Dem ganzen Erscheinungskreise liegt eine Funktionsstörung des Entwicklungsvorganges zugrunde, der sich beim Menschen in der Pubertätszeit abspielt. Während dieser Phase beginnt sich der junge Mensch von den Traditionen des Elternhauses zu lösen, sie kritisch zu prüfen und Umschau nach neuen Idealen zu halten, nach einer neuen Gruppe, der er sich anschließen und deren Sache er zu der seinen machen kann. Der instinktive Wunsch, für eine gute Sache auch *kämpfen* zu können, ist für die Objektwahl ausschlaggebend, besonders bei jungen Männern. In dieser Phase erscheint das Altüberkommene langweilig und alles Neue anziehend, man könnte von einer physiologischen Neophilie sprechen.

Ohne allen Zweifel hat dieser Vorgang einen hohen Arterhaltungswert, um dessentwillen er in das phylogenetisch entstandene Programm menschlicher Verhaltensweisen aufgenommen wurde. Seine Funktion liegt darin, der sonst allzu starren Überlieferung kultureller Verhaltensnormen einige Anpassungsfähigkeit zu verleihen, und ist hierin etwa der Häutung eines Krebses zu vergleichen, der sein starres Außenskelett abwerfen muß, um wachsen zu können. Wie bei allen festen Strukturen, muß auch bei der kulturellen Überlieferung die unentbehrliche Stützfunktion durch den Verlust von Freiheitsgraden erkauft werden, und wie bei allen anderen bringt der Abbau, der um jeder Umkonstruktion willen nötig wird, bestimmte Gefahren mit sich, da zwischen Ab- und Neuaufbau notwendigerweise eine Periode der Halt- und Schutzlosigkeit liegt. Dies ist bei dem sich häutenden Krebs und beim pubertierenden Menschen in analoger Weise der Fall.

Normalerweise folgt auf die Periode der physiologischen Neophilie ein Wiederaufleben der Liebe zum Althergebrachten. Das kann ganz allmählich vor sich gehen, die meisten von uns Älteren können Zeugnis davon ablegen, daß man mit Sechzig eine weit höhere Meinung von vielen Anschauungen seines Vaters hat als mit Achtzehn. A. Mitscherlich nennt dieses Phänomen treffend den »späten Gehorsam«. Die physiologische Neophilie und der späte Gehorsam bilden zusammen ein System, dessen systemerhaltende Leistung darin liegt, ausgesprochen veraltete und neuer Entwicklung hinderliche Elemente der überlieferten Kultur auszumerzen, ihre wesentliche und unentbehrliche Struktur indessen weiter zu bewahren. Da die Funktion dieses Systems notwendigerweise vom Zusammenspiel sehr vieler äußerer und innerer Faktoren abhängig ist, ist sie begreiflicherweise leicht störbar.

Entwicklungshemmungen, die durch Umweltfaktoren, sicher aber auch genetisch bedingt sein können, haben je nach dem Zeitpunkt ihres Auftretens sehr verschiedene Folgen. Steckenbleiben in einem frühen infantilen Stadium kann persistierende Elternbindungen und ein totales Verharren in den Traditionen der älteren Generation zur Folge haben. Solche Menschen kommen dann sehr schlecht mit ihren Altersgenossen aus und werden oft Sonderlinge. Unphysiologisches Verharren auf dem Stadium der Neophilie führt zu ganz charakteristischem, nachträgerischem Ressentiment gegen die manchmal längst verstorbenen Eltern und ebenfalls zu einer Art von Absonderlichkeit. Beide Phänomene sind den Psychoanalytikern wohl bekannt.

Die Störungen aber, die zu Haß und Krieg zwischen den Generationen führen, haben andere Ursachen, und zwar zweierlei. Erstens werden die geforderten anpassenden Veränderungen des überlieferten Kulturgutes von Generation zu Generation immer größer. Zu Abrahams Zeiten war die vom Sohn vorzunehmende Abänderung der Verhaltensnormen, die er von seinem Vater übernommen hatte, so unwahrnehmbar gering, daß es – wie Thomas Mann in seinem wunderbaren psychologischen Roman ›Joseph und seine Brüder‹ so überzeugend darstellt – manchen der damaligen Menschen überhaupt unmöglich wurde, die eigene Person von der des Vaters zu unterscheiden, was die vollkommenste denkbare Form der Identifikation bedeutet. Das Entwicklungstempo, das der heutigen Kultur von ihrer Technologie aufgezwungen wird, hat zur

Folge, daß von dem, was eine Generation an traditionellem Gut noch besitzt, ein sehr beträchtlicher Teil von der kritischen Jugend mit Recht als obsolet erkannt wird. Der schon (S. 70) besprochene Irrglaube, der Mensch könne eine neue Kultur willkürlich und rational aus dem Boden stampfen, führt dann zu der völlig irrsinnigen Folgerung, daß es am besten sei, die elterliche Kultur total zu vernichten, um »schöpferisch« neu aufbauen zu können. Man könnte das in der Tat, aber nur, indem man beim Vor-Cromagnon-Menschen neu beginnt!

Das heute von der Jugend weithin für durchaus richtig gehaltene Bestreben, »die Eltern mit dem Bade auszuschütten«, hat aber noch andere Ursachen. Die Veränderungen, denen die Struktur der Familie im Zuge der fortschreitenden Technisierung der Menschheit unterworfen ist, wirken samt und sonders in der Richtung, den Kontakt zwischen Eltern und Kindern zu schwächen. Dies beginnt schon in der Säuglingszeit. Da die Mutter heutzutage niemals ihre volle Zeit dem Kleinkind widmen kann, entstehen in stärkerem oder geringerem Grade fast stets die Erscheinungen der von René Spitz so genannten Hospitalisierung. Ihr bösestes Symptom ist eine schwer oder nicht reversible Schwächung der menschlichen Kontaktfähigkeit. Dieser Effekt summiert sich in gefährlicher Weise mit der schon (S. 21) beprochenen Störung der menschlichen Anteilnahme.

In etwas späterem Alter macht sich, vor allem bei Knaben, der Ausfall des väterlichen Vorbildes störend bemerkbar. Außer in bäuerlichem und handwerklichem Milieu sieht ein Junge heute seinen Vater fast nie bei der Arbeit, noch weniger hat er Gelegenheit, ihm dabei zu helfen und dabei die Überlegenheit des Mannes eindruckvoll zu erfahren. Auch fehlt in der modernen Kleinfamilie die Rangordnungs-Struktur, die den »alten Mann« unter ursprünglicheren Bedingungen respekteinflößend erscheinen ließ. Ein 5jähriger kann keineswegs unmittelbar die Überlegenheit seines 40jährigen Vaters ermessen, wohl aber imponiert ihm die Kraft eines 10jährigen, und er versteht die Verehrung, die dieser dem 15jährigen Bruder entgegenbringt, und zieht gefühlsmäßig die richtigen Schlüsse, wenn er bemerkt, wie der 15jährige, der schon klug genug ist, um die geistige Überlegenheit des Alten anzuerkennen, diesen respektiert.

Anerkennung rangordnungsmäßiger Überlegenheit ist kein Hindernis für Liebe. Die Erinnerung sollte jedem Menschen sagen, daß er als Kind solche Menschen, zu denen er emporsah und denen er sich eindeutig unterwarf, nicht weniger, sondern mehr geliebt hat als Gleichrangige oder Untergeordnete. Ich weiß noch mit großer Sicherheit, daß ich meinem frühverstorbenen Freund Emmanuel la Roche, der, um vier Jahre älter als ich, als unbestrittener Häuptling eine gerechte, aber strenge Herrschaft über unsere wilde Bande von 10- bis 16jährigen Kindern ausübte, durchaus nicht nur Respekt zollte oder nur darauf aus war, durch kühne Taten seine Anerkennung zu erringen, sondern ich erinnere mich noch ebenso deutlich der Liebe, die ich für ihn empfand. Dieses Gefühl war eindeutig von der gleichen Qualität wie jenes, das ich später bestimmten sehr verehrten älteren Freunden und Lehrern entgegengebracht habe. Es ist eines der größten Verbrechen der pseudodemokratischen Doktrin, das Bestehen einer natürlichen Rangordnung zwischen zwei Menschen als frustrierendes Hindernis für alle wärmeren Gefühle zu erklären: Ohne sie gibt es nicht einmal die natürlichste Form von Menschenliebe, die normalerweise die Mitglieder einer Familie miteinander verbindet; Tausende von Kindern sind durch die bekannte »Non-frustration«-Erziehung zu unglücklichen Neurotikern gemacht worden.

Wie ich schon in den erwähnten Schriften auseinandergesetzt habe, befindet sich das Kind in einer der Rangordnung entbehrenden Gruppe in einer durchaus unnatürlichen Situation. Da es nämlich sein eigenes, instinktmäßig programmiertes Streben nach hoher Rangstellung nicht unterdrücken kann und selbstverständlich die widerstandslosen Eltern tyrannisiert, sieht es sich in die Rolle des Gruppenführers gedrängt, in der ihm gar nicht wohl ist. Ohne einen stärkeren »Vorgesetzten« fühlt es sich schutzlos in einer durchaus feindseligen Welt, denn Non-frustration-Kinder sind nirgends beliebt. Wenn es in begreiflicher Gereiztheit die Eltern herauszufordern trachtet, »um Watschen bettelt«, wie man im Bayrisch-Österreichischen so schön sagt, findet es nicht die instinktmäßig erwartete und unterbewußt erhoffte Gegenaggression, sondern stößt auf die Gummiwand ruhiger, pseudo-rationalisierender Phrasen.

Kein Mensch aber identifiziert sich je mit einem sklavischen Schwächling, niemand ist bereit, sich von ihm Normen des Verhaltens vorschreiben zu lassen, und am allerwenigsten ist man bereit, als kulturelle Werte anzuerkennen, was jener verehrt. Nur wenn man einen Menschen aus tiefstem Seelengrunde liebt und gleichzeitig zu ihm aufblickt, ist man überhaupt imstande, seine kulturelle Tradition zu seiner eigenen zu machen. Eine solche »Vaterfigur« fehlt nun ganz offensichtlich einer erschreckenden Mehrzahl der heute aufwachsenden jungen Menschen. Der leibliche Vater versagt allzuoft, und der Massenbetrieb an Schulen und Universitäten verhindert es, daß ein verehrter Lehrer ihn ersetzt.

Zu diesen rein ethologischen Gründen, die elterliche Kultur abzulehnen, kommen nun aber bei vielen intelligenten Jugendlichen auch echt ethische. An unserer heutigen westlichen Kultur mit ihrer Vermassung, ihrer Verwüstung der Natur, ihrem wertblind-geldgierigen Wettlauf mit sich selbst, ihrer erschreckenden Gefühls-Verarmung und ihrer Verdummung durch Indoktrination ist fürwahr das Nicht-Nachahmenswerte so augenfällig, daß es allzuleicht den Gehalt an tiefer Wahrheit und Weisheit vergessen läßt, der auch unserer Kultur innewohnt. Die Jugend *hat* in der Tat triftige und rationale Gründe, sämtlichen »Establishments« den Kampf anzusagen. Es ist indessen sehr schwer, sich eine Vorstellung davon zu machen, wie groß unter den rebellierenden Jugendlichen – auch unter den Studenten – der Anteil derjenigen ist, die tatsächlich aus diesen Gründen handeln. Was bei öffentlichen Auseinandersetzungen tatsächlich geschieht, ist ganz offensichtlich von ganz anderen, unbewußt ethologischen Antrieben verursacht, unter denen der ethnische Haß zweifellos an erster Stelle steht. Leider sind die nachdenklichen und aus rationalen Motiven handelnden jungen Leute die weniger gewalttätigen, so daß das äußere Bild der Rebellion überwiegend von den Symptomen neurotischer Regression beherrscht ist. Aus einer falsch verstandenen Loyalität sind die vernünftigen Jugendlichen offenbar nicht imstande, sich von den triebmäßig handelnden zu distanzieren. In Diskussionen mit Studenten habe ich den Eindruck gewonnen, daß der Anteil der Vernünftigen gar nicht so gering ist, wie man nach dem äußeren Erscheinungsbild der Rebellion schließen könnte.

Allerdings darf man bei diesen Überlegungen nicht vergessen, daß vernünftige Erwägungen einen weit schwächeren Antrieb darstellen als die elementare, instinktmäßige Urgewalt der tatsächlich dahintersteckenden Aggression. Noch weniger darf man die Folgen vergessen, die das restlose Abwerfen der elterlichen Tradition für die Jugendlichen selbst nach sich zieht. Diese Folgen können vernichtend sein. Während der Phase der »physiologischen Neophilie« ist der Pubertierende von einem überwältigenden Drang besessen, sich einer ethnischen Gruppe anzuschließen und, vor allem, an ihrer kollektiven Aggression teilzuhaben. Dieser Drang ist so stark wie nur irgendein anderer phylogenetisch programmierter

Antrieb, so stark wie Hunger oder Sexualität. Wie diese kann er von Einsicht und Lernvorgängen bestenfalls seine Fixierung auf ein bestimmtes Objekt erhalten, niemals aber kann er als Ganzes von der Vernunft beherrscht oder gar unterdrückt werden. Wo dies scheinbar gelingt, wird die Gefahr einer Neurose heraufbeschworen.

Der in diesem ontogenetischen Stadium »normale«, d.h. im Interesse der Systemerhaltung einer Kultur sinnvolle Vorgang ist dann – wie schon gesagt – darin zu sehen, daß die Jugendlichen einer ethnischen Gruppe sich im Dienst mancher neuer Ideale zusammenfinden und dementsprechend wesentliche Reformen an den traditionellen Verhaltensnormen vornehmen, ohne indessen das gesamte Gut der elterlichen Kultur über Bord zu werfen. Der junge Mensch identifiziert sich also eindeutig mit der jungen Gruppe einer alten Kultur. Es liegt im tiefsten Wesen des Menschen als des natürlichen Kulturwesens begründet, daß er eine voll befriedigende Identifizierung nur in und mit einer Kultur zu finden vermag. Wenn ihm dies durch die im vorangehenden besprochenen Hindernisse unmöglich gemacht wird, so befriedigt er seinen Drang nach Identifizierung und Gruppenzugehörigkeit nicht anders, als er es etwa mit unbefriedigtem Geschlechtstrieb tun würde, an einem *Ersatzobjekt*. Die Wahllosigkeit, mit der gestaute Triebe an erstaunlich unpassenden Objekten abreagiert werden, ist der Instinktforschung schon sehr lange bekannt, es gibt aber kaum ein eindrucksvolleres Beispiel für sie als die Objektwahl, die nach Gruppenzugehörigkeit lechzende Jugendliche nicht selten treffen. Alles ist besser, als gar keiner Gruppe anzugehören, und sei es die Mitgliedschaft in der traurigsten aller Gemeinden, nämlich derjenigen der Rauschgiftsüchtigen. Aristide Esser, der Fachmann auf diesem Gebiet, konnte zeigen, daß neben der Langeweile, von der im V. Kapitel die Rede war, vor allem der Drang nach Gruppenzugehörigkeit eine ständig wachsende Zahl von Jugendlichen in die Rauschgiftsucht treibt.

Wo eine Gruppe fehlt, der man sich anschließen kann, besteht immer die Möglichkeit, eine »nach Maß angefertigte« zu konstituieren. Halb oder ganz kriminelle Banden Jugendlicher, wie sie z. B. in dem mit Recht berühmten Musical ›West Side Story‹ so treffend dargestellt sind, repräsentieren in geradezu schematischer Einfachheit das phylogenetische Programm der ethnischen Gruppe, nur leider ohne die überlieferte Kultur, die natürlich gewordenen, nicht-pathologischen Gruppen zu eigen ist. Wie in diesem Musical dargestellt, bilden sich häufig zwei Banden gleichzeitig aus, mit keinem anderen Ziele, als geeignete Objekte für kollektive Aggression zu bieten. Die englischen »Rocks and Mods« sind, wenn sie noch existieren, ein typisches Beispiel. Diese aggressiven Doppelgruppen sind immerhin noch eher tragbar als zum Beispiel die Hamburger Rocker, die sich das Verprügeln wehrloser Greise zur Lebensaufgabe gemacht haben.

Die gefühlsmäßige Erregung hemmt die rationale Leistung, der Hypothalamus blockiert den Cortex. Für keine wie immer geartete Emotion gilt dies in so hohem Maße wie für den kollektiven, ethnischen Haß, den wir als Nationalhaß allzugut kennen. Man muß sich klarmachen, daß der Haß der jüngeren Generation gegen die ältere aus gleichen Quellen kommt. Schlimmer als totale Blind- oder Taubheit wirkt Haß, indem er jede Nachricht, die man zu übermitteln trachtet, fälscht und in ihr Gegenteil verkehrt. Was immer man der rebellierenden Jugend sagen mag, um sie am Zerstören ihrer eigenen wichtigsten Güter zu verhindern, wird einem in voraussagbarer Weise als hinterlistiger Versuch ausgelegt, das verhaßte »Establishment« zu stützen. Haß macht nicht nur blind und taub, er macht auch unglaublich dumm. Es wird schwer sein, denen, die uns hassen, die Wohltat zu erweisen, die ihnen not tut. Es wird schwer sein, ihnen beizubringen, daß das in der kulturellen Entwicklung Entstandene ebenso unersetzlich und ehrfurchtgebietend ist wie das in der Stammesgeschichte Gewordene, es wird schwer sein, ihnen beizubringen, daß eine Kultur ausgelöscht werden kann wie eine Kerzenflamme.

VIII. Indoktrinierbarkeit

Mein Lehrer Oskar Heinroth, Erznaturforscher und Erzspötter der Geisteswissenschaften, pflegte zu sagen: »Was man denkt, ist meistens falsch, aber was man weiß, ist richtig.« Dieser erkenntnistheoretisch unbelastete Satz drückt ganz ausgezeichnet den Entwicklungsgang alles menschlichen Wissens, vielleicht allen Wissens überhaupt aus. Zuerst »denkt man sich« irgend etwas, dann vergleicht man es mit der Erfahrung und mit den weiteren einlaufenden Sinnesdaten, um dann aus Übereinstimmung oder Nichtübereinstimmung auf Richtigkeit oder Unrichtigkeit dessen, was man »sich gedacht« hat, zu schließen. Dieser Vergleich zwischen einer inneren, in irgendeiner Weise im Organismus entstandenen Regelhaftigkeit mit einer zweiten, die in der Außenwelt obwaltet, ist wahrscheinlich die wichtigste Methode überhaupt, mittels deren ein lebender Organismus zu Erkenntnissen gelangt. »Pattern matching« wird diese Methode von Karl Popper und Donald Campbell genannt, beide Worte trotzen der genauen Übersetzung ins Deutsche.

In einfachster Verwirklichung spielt sich dieser Vorgang des Wissenserwerbs schon auf der niedrigsten Ebene von Lebensvorgängen in prinzipiell gleicher Weise ab, in der Physiologie der Wahrnehmung findet er sich auf Schritt und Tritt, und im bewußten Denken des Menschen nimmt er die Form von Vermutung und anschließender Bestätigung an. Was man sich, zunächst vermutungsweise, gedacht hat, erweist sich bei der Probe aufs Exempel sehr oft als falsch, aber wenn es diese Probe genügend oft bestanden hat, weiß man es. In der Wissenschaft nennt man diese Vorgänge Hypothesebildung und Verifikation.

Leider sind nun diese beiden Schritte der Erkenntnis nicht

so scharf voneinander geschieden und das Ergebnis des zweiten keineswegs so klar, wie es nach dem Ausspruch meines Lehrers Heinroth erscheinen möchte. Die Hypothese ist am Bau der Erkenntnis ein Baugerüst, von welchem der Bauherr von vornherein weiß, daß er es im Fortschreiten seines Vorhabens wieder abreißen wird. Sie ist eine *vorläufige* Annahme, die zu machen überhaupt nur dann einen Sinn hat, wenn die praktische Möglichkeit besteht, sie durch extra zu diesem Zwecke gesuchte Tatsachen zu widerlegen. Eine Hypothese, die jeglicher »Falsifikation« unzugänglich ist, ist auch nicht verifizierbar und damit zur experimentellen Arbeit unbrauchbar. Der Hypothesebildner muß jedem Dank wissen, der ihm neue Wege zeigt, auf denen seine Hypothese als unzureichend erwiesen werden kann, denn alle Verifizierung besteht ja nur darin, daß die Hypothese sich Widerlegungsversuchen gegenüber als widerstandsfähig erweist. In der Suche nach solcher Bewährung besteht im Grunde genommen die *Arbeit* jedes Naturforschers; deshalb spricht man ja auch von Arbeitshypothesen, und eine solche ist um so brauchbarer, je mehr Gelegenheit zur Überprüfungsarbeit sie bietet: Die Wahrscheinlichkeit ihrer Richtigkeit steigt ja mit der Zahl der beigebrachten Tatsachen, die sich einordnen ließen.

Es ist ein auch unter Erkenntnistheoretikern verbreiteter Irrtum, daß eine Hypothese durch eine einzige oder einige wenige Tatsachen, die sie nicht einzuordnen vermag, endgültig widerlegt werde. Wäre dem so, so wären sämtliche existierenden Hypothesen widerlegt, denn es gibt kaum eine, die *allen* einschlägigen Tatsachen gerecht wird. All unsere Erkenntnis ist nur eine *Annäherung* an die außersubjektive Wirklichkeit, die wir zu erkennen trachten, allerdings eine fortschreitende Annäherung. Widerlegt wird eine Hypothese niemals durch eine einzige widersprechende Tatsache, sondern immer nur durch eine andere Hypothese, die *mehr* Tatsachen einzuordnen vermag als sie selbst. »Wahrheit« ist somit diejenige Arbeitshypothese, die am besten geeignet ist, den Weg zu jener anderen zu bahnen, die mehr zu erklären vermag.

Dieser theoretisch unbezweifelbaren Tatsache vermag sich aber unser Denken und Fühlen nicht zu beugen. Wir mögen uns noch so eifrig vor Augen halten, daß all unser Wissen, alles, was unsere Wahrnehmung uns von der außersubjektiven Wirklichkeit mitteilt, nur ein grob vereinfachendes, annäherungsweises Bild des an sich Bestehenden darstellt, wir können doch nicht verhindern, daß wir gewisse Dinge einfach für wahr halten und von der absoluten Richtigkeit dieses Wissens überzeugt sind.

Diese Überzeugung ist, wenn man sie psychologisch und vor allem phänomenologisch richtig betrachtet, einem *Glauben* in jedem Sinne dieses Wortes gleichzusetzen. Wenn der Naturforscher eine Hypothese so weit verifiziert hat, daß sie den Namen einer Theorie verdient, und wenn diese Theorie so weit gediehen ist, daß sie voraussagbar nur mehr durch Zusatzhypothesen, nicht aber in ihren Grundzügen geändert werden wird, so »glauben« wir »fest« an sie. Dieser Glauben stiftet auch weiter keinen Schaden, da eine derartige »abgeschlossene« Theorie in ihrem Geltungsbereich ihre »Wahrheit« auch dann behält, wenn sich dieser als weniger allumfassend erweisen sollte, als man zu der Zeit glaubte, da die Theorie aufgestellt wurde. Dies gilt z. B. für die gesamte klassische Physik, die durch die Quantenlehre zwar in ihrem Geltungsbereich eingeschränkt, nicht aber im eigentlichen Sinne widerlegt wurde.

Im gleichen Sinne wie an die Thesen der klassischen Mechanik »glaube« ich an eine ganze Reihe von Theorien, die bis an die Grenze der Sicherheit wahrscheinlich gemacht wurden: So bin ich zum Beispiel fest überzeugt, daß das sogenannte Kopernikanische Weltbild richtig ist, zumindest wäre ich geradezu maßlos erstaunt, wenn sich die berüchtigte Hohlwelttheorie als richtig herausstellen sollte oder daß die Planeten nun doch, wie man zu Zeiten des Ptolemäus meinte, in merkwürdigen epizyklischen Schlingen an der Zimmerdecke umherkriechen.

Es gibt aber auch Dinge, die ich ebenso fest glaube wie erwiesene Theorien, ohne auch nur den geringsten Nachweis dafür zu haben, daß meine Überzeugung richtig ist. So glaube ich zum Beispiel, daß das Universum von einem einzigen Satz von untereinander widerspruchsfreien Naturgesetzen regiert wird, die nie durchbrochen werden. Diese Überzeugung, die für mich persönlich geradezu axiomatischen Charakter hat, schließt außernatürliche Geschehnisse aus, mit anderen Worten, ich halte alle von den Parapsychologen und von den Spiritisten beschriebenen Erscheinungen für Selbsttäuschung. Diese Meinung ist völlig unwissenschaftlich, außernatürliche Vorgänge könnten ja erstens sehr selten und zweitens von geringem Ausmaße sein, und die Tatsache, daß ich derlei nie überzeugend zu Gesicht bekommen habe, berechtigt mich selbstverständlich zu keiner Aussage über ihre Existenz oder Nichtexistenz. Es ist eingestandenermaßen mein rein religiöser Glaube, daß es nur *ein* großes Wunder und keine Wunder im Plural gibt oder, wie der Dichterphilosoph Kurd Laßwitz es ausgedrückt hat, daß Gott es nicht nötig hat, Wunder zu tun.

Ich habe gesagt, daß diese Überzeugungen – wissenschaftlich begründete wie gefühlsmäßige – phänomenologisch einem Glauben gleich sind. Um seinem Erkenntnisstreben auch nur eine scheinbar feste Basis zu verleihen, kann der Mensch gar nicht anders, als gewisse Tatsachen als feststehend anzunehmen und sie seinen Schlußfolgerungen als archimedische Punkte zu »unterstellen«. Bei der Hypothesebildung *fingiert* man bewußt die Sicherheit einer solchen Unterstellung, man »tut, als ob« sie wahr wäre, nur um zu sehen, was dabei herauskommt. Je länger man dann auf solchen fiktiven archimedischen Punkten weitergebaut hat, ohne daß das Gebäude in sich widerspruchsvoll wird und zusammenbricht, desto wahrscheinlicher wird nach dem Prinzip der gegenseitigen Erhellung die ursprünglich tollkühne Annahme, daß die hypothetisch unterstellten archimedischen Punkte wirkliche seien.

Die hypothetische Annahme, daß gewisse Dinge einfach *wahr* seien, gehört also zu den unentbehrlichen Verfahren menschlichen Erkenntnisstrebens. Ebenso gehört es zu der motivationsmäßigen Voraussetzung menschlichen Forschens, daß man *hofft*, die Annahme sei wahr, die Hypothese sei richtig. Es gibt nur verhältnismäßig wenige Naturforscher, die es vorziehen, »per exclusionem« vorzuschreiten, indem sie eine Erklärungsmöglichkeit nach der anderen experimentell ausschließen, bis die allein übrigbleibende die Wahrheit enthalten muß. Die meisten von uns – dessen müssen wir uns bewußt sein – *lieben* ihre Hypothesen, und es ist, wie ich einmal sagte, eine zwar schmerzhafte, aber jung und gesund erhaltende Turnübung, täglich, gewissermaßen als Frühsport, eine Lieblingshypothese über Bord zu werfen. Zum »Lieben« einer Hypothese trägt natürlich auch die Zeitdauer bei, während deren man sie vertreten hat; Denkgewohnheiten werden genauso leicht zu »lieben« Gewohnheiten wie irgendwelche anderen. Besonders aber tun sie das, wenn man sie nicht selbst geschaffen, sondern von einem großen und verehrten Lehrer übernommen hat. Wenn dieser der Entdecker eines neuen Erklärungsprinzips gewesen war und daher *viele* Schüler hatte, so gesellt sich zu dieser Anhänglichkeit noch die Massenwirkung einer von vielen Menschen geteilten Meinung.

Alle diese Erscheinungen sind an sich noch nichts Schlimmes, sondern haben sogar ihre Berechtigung. Eine gute Arbeitshypothese gewinnt tatsächlich an Wahrscheinlichkeit, wenn in langer, selbst jahrelanger Forschung keine Tatsachen zutage kommen, die ihr widersprechen. Das Prinzip der gegenseitigen Erhellung gewinnt mit der Dauer der verflossenen Zeit an Wirksamkeit. Auch ist es berechtigt, das Wort eines verantwortlichen Lehrers sehr ernst zu nehmen, da ein solcher an alles, was er seinen Schülern weitergibt, einen besonders strengen Maßstab anlegt oder aber die hypothetische Natur des Gesagten sehr stark betont. Ein solcher Mann überlegt gründlich, ehe er eine seiner Theorien als »lehrbuchreif« betrachtet. Ebensowenig ist es unbedingt verdammenswert, wenn man sich in seiner Meinung dadurch bestärken läßt, daß andere sie teilen. Vier Augen sehen mehr als zwei, und besonders, wenn der andere von einer andersartigen Induktionsbasis ausgegangen und dabei zu übereinstimmenden Ergebnissen gelangt ist, bedeutet dies eine eindeutige Bestätigung.

Alle diese eine Überzeugung festigenden Wirkungen können aber leider auch *ohne* die eben erwähnten Berechtigungen auftreten. Zunächst einmal kann, wie schon S. 85 erwähnt, eine Hypothese so beschaffen sein, daß die von ihr diktierten Versuche sie von vornherein nur bestätigen können. Die Hypothese zum Beispiel, daß der Reflex die einzige untersuchenswerte Elementarleistung des Zentralnervensystems darstelle, führte ausschließlich zu solchen Versuchen, in denen die Antwort des Systems auf eine Zustands-*Änderung* registriert wurde. Daß das Nervensystem auch anderes kann, als passiv auf Reize zu reagieren, mußte bei dieser Versuchsanordnung verborgen bleiben. Es bedarf ebensowohl der Selbstkritik als eines phantasievollen Gedankenreichtums, um nicht in den Fehler zu verfallen, der die Hypothese als Arbeitshypothese entwertet, so »fruchtbar« sie auch im Herbeischaffen von »Information« – im informationstheoretischen Sinne – sein mag. Neue Erkenntnisse bringt sie dann nämlich nicht mehr oder nur ausnahmsweise.

Auch das Vertrauen in die Lehren des Meisters, so wertvoll

es bei der Gründung einer »Schule«, d. h. einer neuen Forschungsrichtung, sein kann, bringt die Gefahr der Doktrinenbildung mit sich. Das große Genie, das ein neues Erklärungsprinzip entdeckt hat, neigt erfahrungsgemäß dazu, dessen Geltungsbereich zu überschätzen. Jacques Loeb, Iwan Petrovitsch Pawlow, Sigmund Freud und viele andere von den ganz Großen haben das getan. Wenn dann noch hinzukommt, daß die Theorie allzu plastisch ist und wenig zur Falsifikation anreizt, dann kann dies im Verein mit der Verehrung für den Meister dazu führen, daß die Schüler zu Jüngern werden und die Schule zu einer Religion und einem Kult, wie dies so mancherorts mit der Lehre Sigmund Freuds passiert ist.

Der entscheidende Schritt zur Bildung einer Doktrin im engeren Sinne des Wortes aber besteht darin, daß zu den beiden eben besprochenen, die Theorie zur Überzeugung festigenden Faktoren noch die allzugroße *Zahl* ihrer Anhänger kommt. Die Verbreitungsmöglichkeit, die heute einer solchen Lehre durch die sogenannten Massenmedien: Zeitung, Radio und Fernsehen, geboten ist, führt sehr leicht dazu, daß eine Lehre, die nicht mehr als eine unverifizierte wissenschaftliche Hypothese ist, nicht nur zur allgemeinen wissenschaftlichen, sondern überhaupt zur öffentlichen Meinung wird.

Von da an treten unglücklicherweise alle jene Mechanismen in Tätigkeit, die zum Festhalten erprobter Traditionen dienen und von denen im VI. Kapitel ausführlich die Rede war. Die Doktrin wird nun mit derselben Zähigkeit und derselben Affektbetontheit verteidigt, die am Platze wäre, wenn es gälte, die wohlerprobten Weisheiten, das durch Selektion geklärte Wissen einer alten Kultur, vor der Vernichtung zu bewahren. Wer mit der Meinung nicht konform geht, wird als Ketzer gebrandmarkt, verleumdet und nach Möglichkeit diskreditiert. Die höchst spezielle Reaktion des »Mobbing«, des sozialen Hasses, wird auf ihn entladen.

Eine solche, zur allumfassenden Religion gewordene Doktrin gewährt ihren Anhängern die subjektive Befriedigung einer endgültigen Erkenntnis von Offenbarungscharakter. Alle Tatsachen, die ihr widersprechen, werden geleugnet, ignoriert oder aber, was am häufigsten vorkommt, im Sinne Sigmund Freuds *verdrängt*, d. h. unter die Schwelle des Bewußtseins verbannt. Der Verdrängende setzt jedem Versuch, das Verdrängte wieder bewußt zu machen, einen erbitterten, aufs äußerste affektbesetzten Widerstand entgegen, der um so größer ist, je größer die Änderung wäre, die dies in seinen Anschauungen erheischen würde, vor allem in jenen, die er über sich selbst gebildet hat. »Wann immer Menschen mit widersprechenden Doktrinen aufeinandertrafen«, sagt Philip Wylie, »entstand stärkster Widerwille auf jeder Seite, jede war überzeugt, die andere sei in Irrtum befangen, heidnisch, ungläubig und barbarisch und bestehe überhaupt aus räuberischen Eindringlingen. Damit begann dann regelmäßig der heilige Krieg.«

All dies ist oft genug geschehen, wie Goethe sagt: »Zuletzt, bei allen Teufelsfesten wirkt der Parteihaß doch am besten bis in den allerletzten Graus.« Wirklich satanisch aber wirkt sich die Indoktrinierung erst dann aus, wenn sie ganz große Menschenmengen, ganze Kontinente, ja vielleicht sogar die ganze Menschheit in einem einzigen bösen Irrglauben vereinigt. Eben diese Gefahr aber droht uns jetzt. Als um das Ende des vorigen Jahrhunderts Wilhelm Wundt den ersten ernstlichen Versuch unternahm, die Psychologie zu einer Naturwissenschaft zu wandeln, orientierte sich die neue Forschungsrichtung merkwürdigerweise nicht nach der Biologie. Obwohl die Erkenntnisse Darwins damals schon allgemein bekannt waren, blieben vergleichende Methoden und stammesgeschichtliche Fragestellungen der neuen experimentellen Psychologie völlig fremd. Sie richtete sich nach dem Vorbild der Physik, in der zu jener Zeit die Atomtheorie gerade ihre Siege feierte. Sie nahm an, daß das Verhalten der Lebewesen wie alles Materielle aus selbständigen und unteilbaren Elementen zusammengesetzt sein müsse. Dabei führte das an sich richtige Bestreben, die kompensatorischen Aspekte des Physiologischen und des Psychologischen bei der Untersuchung des Verhaltens gleichzeitig zu berücksichtigen, notwendigerweise dazu, den *Reflex* als wichtiges, ja als einziges Element aller, auch der komplexesten Nervenvorgänge zu betrachten. Gleichzeitig ließen die Erkenntnisse I. P. Pawlows den Vorgang der Ausbildung bedingter Reflexe als einleuchtendes physiologisches Korrelat zu den von Wundt untersuchten Assoziationsvorgängen erscheinen. Es ist die Prärogative des Genies, den Geltungsbereich neugefundener Erklärungsprinzipien zu überschätzen, und so nimmt es kaum wunder, wenn diese wahrhaft epochemachenden und untereinander so überzeugend übereinstimmenden Entdeckungen nicht nur ihre Entdecker, sondern die gesamte wissenschaftliche Welt zu dem Glauben verführten, man könne auf der Basis des Reflexes und der bedingten Reaktion »alles« tierische und menschliche Verhalten erklären.

Die gewaltigen und durchaus anzuerkennenden Anfangserfolge, die von der Reflexlehre wie von der Untersuchung der bedingten Reaktion zu verzeichnen waren, die bestechende Einfachheit der Hypothese und die scheinbare Exaktheit der Versuche machten beide zu wahrhaft weltbeherrschenden Forschungsrichtungen. Der große Einfluß aber, den beide auf die öffentliche Meinung gewannen, ist anders zu erklären. Wenn man ihre Theorien nämlich auf den Menschen anwendet, sind sie geeignet, alle jene Besorgnisse zu zerstreuen, die aus der Existenz des Instinktiven und des Unterbewußten im Menschen entspringen. Die orthodoxen Anhänger der Lehre behaupten klipp und klar, daß der Mensch als ein unbeschriebenes Blatt geboren werde und daß alles, was er denkt, fühlt, weiß und glaubt, das Resultat seiner »Konditionierung« (wie leider auch deutsche Psychologen sagen) sei.

Aus Gründen, die Philip Wylie sehr klar erkannt hat, fand diese Meinung allgemeinen Anklang. Selbst religiöse Menschen konnten zu ihr bekehrt werden, denn wenn das Kind als »tabula rasa« geboren wird, kommt jedem Gläubigen die Pflicht zu, dafür zu sorgen, daß es – und wenn möglich alle anderen Kinder auch – in seiner eigenen, einzig wahren Glaubenslehre erzogen werde. So bestärkt das behavioristische Dogma jeden Doktrinär in seiner Überzeugung und tut nichts zur Versöhnung religiöser Doktrinen. Die liberalen und intellektuellen Amerikaner, auf die eine handfeste, einfache und leichtverständliche und vor allem mechanistische Lehre große Anziehungskraft ausübt, bekannten sich nahezu ausnahmslos zu dieser Doktrin, vor allem auch deshalb, weil sie es verstand, sich fälschlicherweise für ein freiheitliches und demokratisches Prinzip auszugeben.

Es ist eine unbezweifelbare ethische Wahrheit, daß alle Menschen das Recht auf gleiche Entwicklungsmöglichkeiten besitzen. Allzuleicht aber läßt sich diese Wahrheit in die Unwahrheit verdrehen, daß alle Menschen potentiell gleichwertig seien. Die behavioristische Doktrin geht noch einen Schritt weiter, indem sie behauptet, alle Menschen würden einander gleich werden, wenn sie sich unter gleichen äußeren Bedingungen entwickeln könnten, und zwar würden sie zu ganz idealen Menschen werden, wenn nur diese Bedingungen ideal wären. Daher können oder, besser gesagt: *dürfen* die Menschen keinerlei ererbte Eigenschaften besitzen, vor allem aber keine solchen, die ihr soziales Verhalten und ihre sozialen Bedürfnisse bestimmen.

Die Machthabenden Amerikas, Chinas und der Sowjetunion sind heute in dem einen Punkte durchaus gleicher Meinung, daß unbegrenzte Konditionierbarkeit des Menschen in höchstem Grade wünschenswert sei. Ihr Glaube an die pseudodemokratische Doktrin ist – wie Wylie behauptet – von dem Wunsche getragen, daß sie wahr sei, denn diese Manipulanten sind keineswegs etwa satanisch kluge Übermenschen, sondern selbst allzu menschliche Opfer der eigenen unmenschlichen Doktrin. Dieser aber ist alles spezifisch Menschliche unwillkommen, alle in dieser Abhandlung besprochenen Erscheinungen, die zum Verlust des Menschentums beitragen, sind im Interesse besserer Manipulierbarkeit der Massen außerordentlich erwünscht. »Fluch der Individualität!« ist die Parole. Dem kapitalistischen Großproduzenten wie dem sowjetischen Funktionär muß gleicherweise daran gelegen sein, die Menschen zu möglichst uniformen, ideal widerstandslosen Untertanen zu konditionieren, gar nicht viel anders als es Aldous Huxley in seinem so schauerlichen Zukunftsroman ›The brave New World‹ dargestellt hat.

Der Irrglaube, daß man dem Menschen, richtige »Konditionierung« vorausgesetzt, schlechterdings alles zumuten, schlechterdings alles aus ihm machen kann, liegt den vielen Todsünden zugrunde, welche die zivilisierte Menschheit gegen die Natur, auch gegen die Natur des Menschen und gegen die Menschlichkeit begeht. Es *muß* eben übelste Auswirkungen haben, wenn eine weltumfassende Ideologie samt der sich aus ihr ergebenden Politik auf einer Lüge begründet ist. Die pseudodemokratische Doktrin trägt auch unzweifelhaft einen erklecklichen Teil der Schuld an dem drohenden moralischen und kulturellen Zusammenbruch der Vereinigten Staaten, der höchst wahrscheinlich die ganze westliche Welt mit in seinen Strudel reißen wird.

A. Mitscherlich, der sehr wohl die Gefahr erkennt, daß die Menschheit mit einem falschen, nur ihren Manipulanten willkommenen Wertkodex indoktriniert werde, sagt merkwürdigerweise: »Wir dürfen doch keineswegs annehmen, die Menschen seien in unserer Zeit mehr durch ein ausgeklügeltes System von Manipulationen an ihrer individuellen Realisierung gehindert als in früherer Zeit.« Ich bin völlig davon überzeugt, daß sie das sind! Noch nie waren so große Menschenmassen auf wenige ethnische Gruppen verteilt, noch nie war Massensuggestion so wirksam, noch nie hatten die Manipulanten eine so gute, auf wissenschaftlichem Experimentieren aufgebaute Werbetechnik, noch nie verfügten sie über so eindringliche »Massenmedien« wie heute.

Entsprechend der grundsätzlichen Gleichheit der Zielsetzung sind auch auf der ganzen Welt die Methoden gleich, mittels deren die verschiedenen »Establishments« ihre Untertanen zu idealen Repräsentanten des American Way of Life, idealen Funktionären und Sowjetmenschen oder sonstwas Idealem machen wollen. Wie sehr wir angeblich freien westlichen Kulturmenschen von den kommerziellen Beschlüssen der Großproduzenten manipuliert werden, ist uns gar nicht mehr bewußt. Wenn wir in die Deutsche Demokratische Republik oder in die Sowjetunion reisen, so fallen uns allenthalben die roten Spruchbänder und Transparente auf, die eben durch ihre Allgegenwart eine suggestive Tiefenwirkung ausüben sollen, ganz wie Aldous Huxleys »babbling machines«, die leise, eindringlich und ununterbrochen die zu propagierenden Glaubenssätze murmeln. Angenehm dagegen empfinden wir die Abwesenheit von Lichtreklamen und von aller Verschwendung. Nichts, was noch brauchbar ist, wird weggeworfen, Zeitungspapier wird zum Verpacken von Einkaufsgütern verwendet, und uralte Autos werden liebevoll gepflegt. Da wird einem ganz allmählich klar, daß die im großen betriebene Werbung der Produzenten keineswegs unpolitischer Natur ist, sondern – mutatis mutandis – genau dieselbe Funktion erfüllt, die im Osten den Spruchbändern zufällt. Man kann verschiedener Meinung darüber sein, ob alles das, wofür die roten Transparente werben, dumm und schlecht sei. Das Wegschmeißen kaum angebrauchter Güter zwecks Erwerbung neuer, das lawinenartige Anwachsen von Produktion und Verbrauch aber ist nachweislich und zweifellos ebenso dumm wie schlecht – im ethischen Sinne dieses Wortes. In dem Maße, in dem das Handwerk durch die Konkurrenz der Industrie ausgerottet wird und in dem der kleinere Unternehmer, einschließlich des Bauern, existenzunfähig wird, sind wir alle ganz einfach gezwungen, uns in unserer Lebensführung den Wünschen der Großproduzenten zu fügen, die Nahrungsmittel zu fressen und die Kleidungsstücke anzuziehen, die sie für uns für gut befinden, und was das Allerschlimmste ist, wir merken kraft der uns zuteil gewordenen Konditionierung gar nicht, daß sie dies tun.

Die am unwiderstehlichsten wirkende Methode, große Menschenmassen durch Gleichschaltung ihres Strebens manipulierbar zu machen, liefert die *Mode.* Ursprünglich entspringt sie wohl einfach dem allgemein menschlichen Bestreben, die eigene Zugehörigkeit zu einer kulturellen oder ethnischen Gruppe äußerlich sichtbar zu machen, man denke etwa an die verschiedenen Trachten, die infolge typischer Schein-Artenbildung besonders in Gebirgstälern wundervolle »Arten«, »Unterarten« und »Lokalformen« ausbildeten. Über ihre Beziehungen zur kollektiven Aggression zwischen Gruppen habe ich schon S. 71 gesprochen. Eine zweite, für unsere Betrachtung wesentlichere Wirkung der Mode trat wohl erst dort auf den Plan, wo sich innerhalb größerer, städtischer Gemeinschaften das Bestreben bemerkbar machte, die eigene Rangstellung, den »Stand«, in Merkmalen der Kleidung öffentlich kundzutun. In seinem Beitrag zum Symposion des Institute of Biology in London 1964 hat Laver sehr schön gezeigt, daß es die jeweils höheren Stände waren, die darauf achteten, daß sich die tieferen nur ja nicht Rangabzeichen anmaßten, die ihnen »standesgemäß« nicht zukamen. Es gibt kaum ein Gebiet der Kulturgeschichte, auf dem sich die zunehmende Demokratisierung der europäischen Länder so deutlich ausdrückt wie auf dem der Kleidermoden.

In ihrer ursprünglichen Funktion hat die Mode wahrscheinlich einen stabilisierenden, konservativen Einfluß auf die Kulturentwicklung. Es waren die Patrizier und die Aristokraten, die ihre Gesetze vorschrieben. Wie Otto Koenig gezeigt hat, hielten sich in der Geschichte der Uniformen alte, noch aus der Ritterzeit herstammende Merkmale, die aus der Mannschaftsuniform längst verschwunden waren, noch sehr lange als Abzeichen hoher und höchster Offiziersränge. Diese Wertung des Althergebrachten in der Mode erlitt eine Umkehrung der Vorzeichen, sowie sich die schon (S. 75) besprochenen Erscheinungen der Neophilie fühlbar machten. Von nun ab wurde es bei den großen Massen der Menschen zum Abzeichen hohen Ranges, bei allen »modern« werdenden Neuerungen an der Spitze zu marschieren. Selbstverständlich lag es im Interesse des Großproduzenten, die öffentliche Meinung zu bestärken, es sei »fortschrittlich«, ja patriotisch, dies zu tun. Vor allem scheint es ihnen gelungen zu sein, die große Masse der Verbraucher davon zu überzeugen, daß der Besitz der allerneuesten Kleider, Möbel, Autos, Waschmaschinen, Geschirrspülmaschinen, Fernsehapparate usw. das untrüglichste (und auch die Kreditfähigkeit am wirksamsten steigernde) »Statussymbol« sei. Lächerlichste Kleinigkeiten können zu einem solchen gemacht und vom Produzenten finanziell ausgeschrotet werden, wie folgendes tragikomische Beispiel zeigt: Wie sich ältere Autokenner erinnern werden, hatten die Buickwagen früher an den Seiten der Motorhaube völlig funktionslose, bullaugen-ähnliche Öffnungen mit verchromtem Rahmen, und zwar hatte der Achtzylinder an jeder Seite 3, der billigere Sechszylinder aber nur 2 dieser Löcher. Als die Firma nun eines Tages dazu überging, auch dem Sechszylinder 3 Bullaugen zu verleihen, hatte diese Maßnahme den erwarteten Erfolg, den Verkauf dieser Type ganz erheblich zu steigern, was die Firma über unzählige Beschwerdebriefe tröstete, in denen sich Achtzylinderbesitzer bitter darüber beklagten, daß das nur ihren Wagen zustehende Statussymbol an rang-inferiore Autos verliehen worden war.

Die schlimmsten Auswirkungen aber hat die Mode auf dem Gebiete der Naturwissenschaften. Es wäre ein großer Irrtum, zu meinen, daß die berufsmäßigen Wissenschaftler frei von den Kulturkrankheiten seien, die der Gegenstand vorliegender Abhandlung sind. Nur die Vertreter der unmittelbar einschlägigen Wissenschaften, etwa die Ökologen und die Psychiater, bemerken überhaupt, daß etwas faul ist in der Spezies Homo sapiens L., und gerade sie besitzen in der Rangordnung, die von der heutigen öffentlichen Meinung den verschiedenen Wissenschaften zuerkannt wird, nur einen äußerst inferioren Status, wie George Gaylord Simpson in seinem satirischen Aufsatz über die »Peck order« der Wissenschaften jüngst so prächtig dargestellt hat.

Nicht nur die öffentliche Meinung *über* die Wissenschaft, sondern auch die Meinung *innerhalb* der Wissenschaften neigt ganz zweifellos dazu, diejenigen für die wichtigsten zu halten, die es nur vom Standpunkt einer zur Masse degradierten, naturentfremdeten, nur an kommerzielle Werte glaubenden, gefühlsarmen, verhaustierten und der kulturellen Tradition verlustigen Menschheit aus zu sein scheinen. Im großen Durchschnitt betrachtet, ist auch die öffentliche Meinung der Naturwissenschaften von sämtlichen Verfallserscheinungen angekränkelt, die in den vorangehenden Kapiteln besprochen wurden. »Big Science« ist keineswegs etwa die Wissenschaft von den größten und höchsten Dingen auf unserem Planeten, ist keineswegs die Wissenschaft von der menschlichen Seele und dem menschlichen Geiste, sondern vielmehr ausschließlich das, was viel Geld oder große Energiemengen einbringt oder aber große Macht verleiht, und sei es auch nur die Macht, alles wahrhaft Große und Schöne zu vernichten.

Der Primat, der unter den Naturwissenschaften der Physik tatsächlich zusteht, soll keineswegs geleugnet werden. In dem widerspruchsfreien Schachtelsystem der Naturwissenschaften bildet die Physik die Basis. Jede gelungene Analyse auf jeder, auch der höchsten Integrationsebene natürlicher Systeme ist ein Schritt »nach unten«, zur Physik hin. Analyse heißt zu deutsch Auflösung, und was durch sie aufgelöst und aus der Welt geschafft wird, das sind nicht etwa die Eigengesetzlichkeiten der spezielleren Naturwissenschaft, sondern ausschließlich ihre *Grenzen* gegen die nächst-allgemeinere. Eine wirkliche Grenzauflösung dieser Art ist bisher nur einmal gelungen: Die physikalische Chemie konnte tatsächlich die Naturgesetze ihres Forschungsgebietes auf allgemeinere physikalische zurückführen. In der Biochemie bahnt sich eine analoge Auflösung der Grenzen zwischen Biologie und Chemie an. Wenn auch derartige spektakuläre Erfolge in den übrigen Naturwissenschaften kaum zu verzeichnen sind, so ist doch das Prinzip der analytischen Forschung überall das gleiche: Man versucht, die Erscheinungen und Gesetzlichkeiten eines Wissensgebietes, einer »Schichte des realen Seins«, wie Nicolai Hartmann sagen würde, auf diejenigen zurückzuführen, die im nächst-allgemeineren Gebiet obwalten, und *aus der spezielleren Struktur* zu erklären, die der höheren Seins-Schichte allein zu eigen ist. Wir Biologen halten zwar die Erforschung dieser Strukturen und ihrer Historie für genügend wichtig und auch für genügend schwierig, um die Biologie nicht wie Crick als einen ziemlich einfachen Nebenzweig der Physik (a rather simple extension of physics) zu halten, und wir betonen auch, daß die Physik ihrerseits auch auf einer Grundlage ruht und daß diese Grundlage eine biologische Wissenschaft, nämlich die Wissenschaft vom lebendigen menschlichen Geiste ist. Aber wir sind doch im oben dargestellten Sinne gute »Physikalisten« und erkennen die Physik als die Basis an, auf die unsere Forschung hinstrebt.

Ich behaupte jedoch, daß es nicht die berechtigte Hochschätzung der Physik als Grundlage aller Naturwissenschaften ist, die ihr die öffentliche Anerkennung als »größte« aller Wissenschaften eingetragen hat, sondern vielmehr die vorher erwähnten, durchaus üblen Gründe. Die merkwürdige Beurteilung der Wissenschaften durch die heutige öffentliche Meinung, die – wie Simpson völlig zu Recht behauptet – von jeder einzelnen Wissenschaft um so weniger hält, je höher, komplexer und wertvoller ihr Forschungsgegenstand ist, läßt sich nur aus diesen Gründen – und einigen weiteren, nun zu besprechenden – erklären.

Es ist für Naturwissenschaftler völlig legitim, das Forschungsobjekt auf einer beliebigen Schicht des realen Seins, auf einer beliebig hohen Integrationsebene des Lebensgeschehens zu wählen. Auch die Wissenschaft vom menschlichen Geiste, vor allem die Erkenntnistheorie, beginnt zu einer biologischen Naturwissenschaft zu werden. Die sogenannte Exaktheit der Naturforschung hat mit der Komplikation und der Integrationsebene ihres Gegenstandes nicht das geringste zu tun und hängt ausschließlich von der Selbstkritik des Forschers und der Reinlichkeit seiner Methoden ab. Die gebräuchliche Bezeichnung von Physik und Chemie als »exakte Naturwissenschaften« ist eine Verleumdung aller anderen. Bekannte Aussprüche, wie etwa der, daß jede Naturforschung so weit Wissenschaft sei, als sie Mathematik enthalte, oder daß Wissenschaft darin bestehe, »zu messen, was meßbar ist, und meßbar zu machen, was nicht meßbar ist«, sind erkenntnistheoretisch wie menschlich der größte Unsinn, der je von den Lippen derer kam, die es besser hätten wissen können.

Obwohl nun diese Pseudo-Weisheiten nachweisbar falsch sind, beherrschen ihre Auswirkungen auch heute noch das Bild der Wissenschaft. Es ist jetzt *Mode*, sich möglichst physikähnlicher Methoden zu bedienen, und zwar gleichgültig, ob diese für die Erforschung des betreffenden Objektes Erfolg versprechen oder nicht. Jede Naturwissenschaft, auch die Physik, beginnt mit der Beschreibung, schreitet von da zur Einordnung der beschriebenen Erscheinungen und von da erst zur Abstraktion der in ihnen obwaltenden Gesetzlichkeiten vor. Das Experiment dient zur Verifizierung der abstrahierten Naturgesetze und kommt somit in der Reihe der Methoden als letzte. Diese schon von Windelband als die deskriptiven, die systematischen und die nomothetischen bezeichneten Stadien müssen von jeder Naturwissenschaft durchlaufen werden. Weil nun die Physik schon lange beim nomothetischen und experimentellen Stadium ihrer Entwicklung hält und weil sie außerdem so weit ins Un-Anschauliche vorgedrungen ist, daß sie ihre Objekte im wesentlichen nach den Operationen definieren muß, durch die sie von ihnen Kenntnis erhält, glauben manche Leute, diese Methoden auch auf solche Forschungsgegenstände anwenden zu müssen, denen gegenüber zunächst und auf dem gegenwärtigen Stande des Wissens einzig und allein die schlichte Beobachtung und Beschreibung am Platze wären. Je komplexer und höher integriert ein organisches System ist, desto strenger muß die Windelbandsche Reihenfolge der Methoden eingehalten werden, und deshalb treibt gerade auf dem Gebiet der Verhaltensforschung der moderne, verfrüht experimentelle Operationalismus seine absurden Blüten. Unterstützt wird diese Fehlhaltung begreiflicherweise durch den Glauben an die pseudo-demokratische Doktrin, die besagt, daß das Verhalten von Tier und Mensch durch keinerlei stammesgeschichtlich entstandene Strukturen des Zentralnervensystems, sondern ausschließlich durch Umgebungseinflüsse und Lernen bestimmt sei. Der grundsätzliche Irrtum der von der behavioristischen Doktrin diktierten Denk- und Arbeitsweise liegt in eben dieser Vernachlässigung der Strukturen: Ihre Beschreibung wird für schlechthin überflüssig erachtet, allein operationistische und statistische Methoden gelten als legitim. Da alle biologischen Gesetzlichkeiten sich aus der Funktion von Strukturen ergeben, ist es ein vergebliches Bemühen, ohne deskriptive Erforschung der Struktur der Lebewesen zur Abstraktion der Gesetzlichkeiten zu gelangen, von denen ihr Verhalten beherrscht wird.

So leicht diese elementaren Grundregeln der Wissenschaftslehre einzusehen sind (die eigentlich jedem Abiturienten klar sein müßten, ehe er das Universitätsstudium beginnt), so hartnäckig und unbelehrbar setzt sich die Mode des Nachäffens der Physik in nahezu aller modernen Biologie durch. Dies wirkt sich um so schädlicher aus, je komplexer das untersuchte System ist und je weniger man von ihm weiß. Das neurosensorische System, das bei höheren Tieren und beim Menschen das Verhalten bestimmt, darf den Anspruch erheben, in beiden Hinsichten an erster Stelle zu stehen. Die modische Neigung, die Forschung auf niedrigeren Integrationsebenen für die »wissenschaftlichere« zu halten, führt dann allzuleicht zum Atomismus, d. h. zu Teiluntersuchungen untergeordneter Systeme ohne die obligate Berücksichtigung der Art und Weise, in der diese dem Aufbau der Ganzheit eingefügt sind. Der methodische Fehler liegt also nicht etwa in dem allen Naturforschern gemeinsamen Bestreben, selbst die Lebenserscheinungen höchster Integrationsebene auf basale Naturgesetze zurückzuführen und aus ihnen zu erklären – in diesem Sinne sind wir alle »Reduktionisten« –, der methodische Fehler, den wir als Reduktionismus bezeichnen, liegt darin, bei diesem Erklärungsversuche die unermeßlich komplexe *Struktur* außer acht zu lassen, in der sich die Untersysteme zusammenfügen und aus der allein die Systemeigenschaften des Ganzen verständlich gemacht werden können. Wer sich über die Methodologie der systemgerechten Naturforschung näher informieren will, der lese Nicolai Hartmanns ›Aufbau der realen Welt‹ oder Paul Weiss' ›Reductionism stratified‹. In beiden Werken steht im wesentlichen dasselbe; daß es von sehr verschiedenen Gesichtspunkten aus betrachtet wird, läßt das Dargestellte besonders plastisch erscheinen.

Ihre bösesten Wirkungen erreicht die heutige wissenschaftliche Mode erst dadurch, daß sie, genau wie Kleider- oder Automoden, Statussymbole schafft, denn erst dadurch entsteht die von Simpson verspottete Rangordnung der Wissenschaften. Der richtige moderne Operationalist, Reduktionist, Quantifikator und Statistiker blickt mit mitleidiger Verachtung auf jeden der Altmodischen, die glauben, man könne durch Beobachtung und Beschreibung tierischen und menschlichen Verhaltens, ohne Experimente und selbst ohne zu zählen, neue und wesentliche Einblicke in die Natur tun. Die Beschäftigung mit hoch integrierten lebenden Systemen wird nur dann als »wissenschaftlich« anerkannt, wenn von den strukturgebundenen Systemeigenschaften durch absichtliche Maßnahmen – »simplicity filters«, wie Donald Griffin sie treffend nannte – der trügerische Schein »exakter«, d. h. äußerlich physikähnlicher Einfachheit erweckt wird, oder aber, wenn die statistische Auswertung eines zahlenmäßig imponierenden Datenmaterials die Tatsache vergessen läßt, daß die untersuchten »Elementarteilchen« Menschen und nicht Neutronen sind, kurz gesagt nur dann, wenn alles aus der Betrachtung fortgelassen wird, was hoch integrierte organische Systeme, einschließlich des Menschen, wirklich interessant macht. Vor allem gilt dies für das subjektive Erleben, das wie etwas höchst Unanständiges im Freudschen Sinne verdrängt wird. Wenn jemand das eigene subjektive Erleben zum Gegenstand der Untersuchung macht, fällt er als subjektivistisch der größten Verachtung anheim, erst recht, wenn er es wagt, die Isomorphie psychologischer und physiologischer Vorgänge als Wissensquelle zum Verständnis der letzteren auszuschöpfen. Die Doktrinäre der pseudodemokratischen Doktrin haben die »Psychologie ohne Seele« offen auf ihr Banner geschrieben, wobei sie völlig vergessen, daß sie selbst ja bei ihren »objektivsten« Forschungen nur auf dem Wege ihres eigenen subjektiven Erlebens von den zu erforschenden Objekten Kenntnis haben. Wer nun gar die Behauptung aufstellt, daß auch die Wissenschaft vom menschlichen Geiste als Naturwissenschaft betrieben werden kann, wird schlechthin als Irrer betrachtet.

Alle diese Fehleinstellungen heutiger Wissenschaftler sind grundsätzlich unwissenschaftlich. Nur der ideologische Druck des Consensus sehr großer, fest indoktrinierter Menschenmassen vermag sie zu erklären, jener Druck, der auch in anderen Gebieten des menschlichen Lebens häufig ganz unglaubliche Modetorheiten hervorzubringen imstande ist. Die besondere Gefährlichkeit der modischen Indoktrinierung auf dem Gebiete der Wissenschaft liegt nun darin, daß sie den Wissensdrang allzu vieler, wenn auch zum Glück nicht aller modernen Naturforscher in eine Richtung lenkt, die derjenigen gerade entgegengesetzt ist, die zum eigentlichen Ziele alles menschlichen Erkenntnisstrebens hinführt, nämlich zur besseren Selbsterkenntnis des Menschen. Die von der heutigen Mode den Wissenschaften vorgeschriebene Tendenz ist unmenschlich im bösesten Sinne dieses Wortes. So manche Denker, die mit klarem Auge die überall wie maligne Tumoren vordringenden Erscheinungen der Entmenschlichung sehen, neigen zu der Meinung, daß das wissenschaftliche Denken als solches inhuman sei und die Gefahr der »Dehumanisierung« heraufbeschworen habe. Wie aus dem schon Gesagten hervorgeht, bin ich nicht dieser Ansicht. Ich glaube ganz im Gegenteil, daß die heutigen Wissenschaftler als Kinder ihrer Zeit von Dehumanisationserscheinungen befallen sind, die primär in der nicht-wissenschaftlichen Kultur allüberall auftreten. Es bestehen nicht nur deutliche und bis in Einzelheiten gehende Entsprechungen zwischen diesen allgemeinen und den speziell die Wissenschaft betreffenden Kulturkrankheiten, sondern die ersteren erweisen sich bei näherer Betrachtung eindeutig als Ursache und nicht als Folge der letzteren. Die gefährliche modische Indoktrinierbarkeit der Wissenschaft, die der Menschheit die letzte Stütze zu rauben droht, hätte nie zustande kommen können, wenn nicht die in den ersten vier Kapiteln besprochenen Kulturkrankheiten ihr den Weg gebahnt hätten. Die Übervölkerung mit ihrer unvermeidlichen Entindividualisierung und Uniformierung, die Naturentfremdung mit dem Verlust der Fähigkeit zur Ehrfurcht, der kommerzielle Wettlauf der Menschheit mit sich selbst, der in utilitaristischer Denkungsart das Mittel zum Selbstzweck macht und das ursprüngliche Ziel vergessen läßt, und nicht zuletzt die allgemeine Verflachung des Gefühls, sie alle finden in den die Wissenschaften betreffenden Dehumanisationserscheinungen ihren Niederschlag, sie sind deren Ursachen und nicht deren Folge.

IX. Die Kernwaffen

Wenn man die Bedrohung der Menschheit durch die Kernwaffen mit den Auswirkungen vergleicht, die von den anderen sieben Todsünden auf sie ausgeübt werden, kann man sich der Erkenntnis nicht verschließen, daß sie unter den acht die am leichtesten zu vermeidende ist. Gewiß kann ein Narr, ein nicht diagnostizierter Psychopath an den Auslöseknopf gelangen, gewiß kann ein einfacher Unfall von der gegnerischen Seite als Angriff mißverstanden und damit das Unheil entfesselt werden. Immerhin aber ist völlig und unwiderruflich klar, was man gegen »die Bombe« zu machen hat: Man braucht sie nur nicht herzustellen oder nicht abzuwerfen. Bei der unglaublichen kollektiven Dummheit der Menschheit ist dies schwer genug zu erreichen. Den anderen Gefahren gegenüber aber wissen nicht einmal diejenigen, die sie klar sehen, was man dagegen unternehmen soll. Bezüglich des Nichtgeworfenwerdens der Atombombe bin ich optimistischer, als ich in bezug auf die anderen sieben Todsünden der Menschheit bin.

Der größte Schaden, den die Bedrohung durch die Kernwaffen der Menschheit heute schon und auch im günstigsten Falle zufügt, besteht darin, daß sie eine allgemeine »Weltuntergangsstimmung« erzeugt. Die Erscheinungen eines unverantwortlichen und infantilistischen Strebens nach sofortiger Befriedigung primitiver Wünsche und einer entsprechenden Unfähigkeit, sich für etwas verantwortlich zu fühlen, was in der ferneren Zukunft liegt, hängt ganz sicher damit zusammen, daß unterbewußt allen Entscheidungen die bange Frage zugrunde liegt, wie lange die Welt noch steht.

X. Zusammenfassung

Es wurden acht von einander unterscheidbare, wenn auch in engem ursächlichem Zusammenhang miteinander stehende Vorgänge besprochen, die nicht nur unsere heutige Kultur, sondern die Menschheit als Spezies mit dem Untergang bedrohen.

Diese Vorgänge sind:

(1) Die Übervölkerung der Erde, die jeden von uns durch das Überangebot an sozialen Kontakten dazu zwingt, sich dagegen in einer grundsätzlich »un-menschlichen« Weise abzuschirmen, und die außerdem durch die Zusammenpferchung vieler Individuen auf engem Raum unmittelbar aggressionsauslösend wirkt.

(2) Die Verwüstung des natürlichen Lebensraumes, die nicht nur die äußere Umwelt zerstört, in der wir leben, sondern auch im Menschen selbst alle Ehrfurcht vor der Schönheit und Größe einer über ihm stehenden Schöpfung.

(3) Der Wettlauf der Menschheit mit sich selbst, der die Entwicklung der Technologie zu unserem Verderben immer rascher vorantreibt, die Menschen blind für alle wahren Werte macht und ihnen die Zeit nimmt, der wahrhaft menschlichen Tätigkeit der Reflexion zu obliegen.

(4) Der Schwund aller starken Gefühle und Affekte durch Verweichlichung. Fortschreiten von Technologie und Pharmakologie fördern eine zunehmende Intoleranz gegen alles im geringsten Unlust Erregende. Damit schwindet die Fähigkeit der Menschen, jene Freude zu erleben, die nur durch herbe Anstrengung beim Überwinden von Hindernissen gewonnen werden kann. Der naturgewollte Wogengang der Kontraste von Leid und Freude verebbt in unmerklichen Oszillationen namenloser Langeweile.

(5) Der genetische Verfall. Innerhalb der modernen Zivilisation gibt es – außer den »natürlichen Rechtsgefühlen« und manchen überlieferten Rechtstraditionen – keine Faktoren, die einen Selektionsdruck auf die Entwicklung und Aufrechterhaltung sozialer Verhaltensnormen ausüben, wiewohl diese mit dem Anwachsen der Sozietät immer nötiger werden. Es ist nicht auszuschließen, daß viele Infantilismen, die große Anteile der heutigen »rebellierenden« Jugend zu sozialen Parasiten machen, möglicherweise genetisch bedingt sind.

(6) Das Abreißen der Tradition. Es wird dadurch bewirkt, daß ein kritischer Punkt erreicht ist, an dem es der jüngeren Generation nicht mehr gelingt, sich mit der älteren kulturell zu verständigen, geschweige denn zu identifizieren. Sie behandelt diese daher wie eine *fremde ethnische Gruppe* und begegnet ihr mit nationalem Haß. Die Gründe für diese Identifikations-Störung liegen vor allem in mangelndem Kontakt zwischen Eltern und Kindern, was schon im Säuglingsalter pathologische Folgen zeitigt.

(7) Die Zunahme der Indoktrinierbarkeit der Menschheit. Die Vermehrung der Zahl der in einer einzigen Kulturgruppe vereinigten Menschen führt im Verein mit der Vervollkommnung technischer Mittel zur Beeinflussung der öffentlichen Meinung zu einer Uniformierung der Anschauungen, wie sie zu keinem Zeitpunkt der Menschheitsgeschichte bestanden hat. Dazu kommt, daß die suggestive Wirkung einer fest geglaubten Doktrin mit der Zahl ihrer Anhänger wächst, vielleicht sogar in geometrischer Proportion. Schon heute wird mancherorts ein Individuum, das sich der Wirkung der Massenmedien, z. B. des Fernsehens, bewußt entzieht, als pathologisch betrachtet. Die ent-individualisierenden Effekte sind allen jenen willkommen, die große Menschenmassen manipulieren wollen. Meinungsforschung, Werbetechnik und geschickt gesteuerte Mode helfen den Großproduzenten diesseits und

den Funktionären jenseits des Eisernen Vorhanges zu gleichartiger Macht über die Massen.

(8) Die Aufrüstung der Menschheit mit Kernwaffen beschwört Gefahren für die Menschheit herauf, die leichter zu vermeiden sind als jene, die den vorher besprochenen sieben Vorgängen entspringen.

Den im ersten bis siebenten Abschnitt besprochenen Vorgängen der Dehumanisierung leistet die pseudodemokratische Doktrin Vorschub, welche besagt, daß das soziale und moralische Verhalten des Menschen überhaupt nicht durch die stammesgeschichtlich evolvierte Organisation seines Nervensystems und seiner Sinnesorgane bestimmt, sondern ausschließlich durch die »Konditionierung« beeinflußt wird, der er im Laufe seiner Ontogenese durch seine jeweilige kulturelle Umwelt unterliegt.

Literaturverzeichnis

BOLK, L.: Das Problem der Menschwerdung. Jena 1926.

CAMPBELL, D. T.: Pattern matching as an essential in distal Knowing. In: K. R. Hammond, The psychology of Egon Brunswik. New York (Holt, Rinehart & Winston) 1966.

CARSON, R.: Silent Spring. Boston (Houghton Mifflin) 1962.

CRICK, F.: Of molecules and men. Seattle (Univ. of Washington Press) 1966.

ERIKSON, E. H.: Ontogeny of ritualisation in Man. In: Philosophical Transactions, Royal Society, London 251 B, 1966, S. 337–349.

–: Insight and Responsibility. New York (Norton) 1964.

HAHN, K.: Die List des Gewissens. In: Erziehung und Politik, Minna Specht zu ihrem 80. Geburtstag. Frankfurt (Öffentliches Leben) 1960.

HARTMANN, N.: Der Aufbau der realen Welt. Berlin (de Gruyter) 1964.

HEINROTH, O.: Beiträge zur Biologie, namentlich Ethologie und Psychologie der Anatiden. Verhandl. V. Internation. Ornithol. Kongreß, Berlin 1910.

HOLST, E. v.: Über den Prozeß der zentralnervösen Koordination. In: Pflügers Archiv 236, 1935, S. 149–158.

–: Vom Dualismus der motorischen und der automatisch-rhythmischen Funktion im Rückenmark und vom Wesen des automatischen Rhythmus. In: Pflügers Archiv 237, 1936, S. 3.

HUXLEY, A.: Brave new World. London (Chatto & Windus) 1932.

LAVER, J.: Costume as a means of social aggression. In: The natural history of aggression. Edited by J. D. Carthy und F. J. Ebling, Academic Press London u. New York 1964.

LEYHAUSEN, P.: Über die Funktion der Relativen Stimmungshierarchie. Dargestellt am Beispiel der phylogenetischen und ontogenetischen Entwicklung des Beutefangs von Raubtieren. In: Z. Tierpsychol. 22, 1965, S. 412–494.

LORENZ, K.: Psychologie und Stammesgeschichte. In: G. Heberer (Hrsg.), Die Evolution der Organismen. Jena (Fischer) 1954.

–: Das sogenannte Böse. Zur Naturgeschichte der Aggression. Wien (Borotha-Schoeler) 1963.

–: Evolution and Modification of Behaviour. Chicago (Univ. Press) 1965.

–: Die instinktiven Grundlagen menschlicher Kultur. In: Die Naturwissenschaften 54, 1967, S. 377–388.

–: Innate Bases of Learning. Harvard (Univ. Press) 1969.

KOENIG, O.: Kultur und Verhaltensforschung. Einführung in die Kulturethologie. München (Deutscher Taschenbuchverlag) 1970.

MITSCHERLICH, A.: Die vaterlose Gesellschaft. München (Piper) 1963.

MONTAGU, M. F.: Man and Aggression. New York (Oxford Univ. Press) 1968.

POPPER, K. R.: The logic of scientific discovery. New York (Harper & Row) 1959.
SCHULZE, H.: Der progressiv domestizierte Mensch und seine Neurosen. München (Lehmann) 1964.
–: Das Prinzip Handeln in der Psychotherapie. Stuttgart (Enke) 1971.
SIMPSON, G. G.: The crisis in biology. In: The American Scholar, 36 (1967), S. 363–377.
SPITZ, R. A. The first year of life. New York (Int. Univ. Press) 1965.
WEISS, P. A.: The living system: determinism stratified. In: Arthur Koestler & Smythies, Beyond Reductionism, London (Hutchinson) 1969.
WYLIE, PH.: The Magic Animal. New York (Doubleday) 1968.
WYNNE-EDWARDS, V. C.: Animal Dispersion in Relation to Social Behaviour. London (Oliver & Boyd) 1962.

Konrad Lorenz

Das Wirkungsgefüge der Natur und das Schicksal des Menschen

Gesammelte Arbeiten
Herausgegeben und eingeleitet von Irenäus Eibl-Eibesfeldt.
368 Seiten mit 23 Abb. Serie Piper 309

Oskar Heinroth / Konrad Lorenz
Wozu aber hat das Vieh diesen Schnabel?

Briefe aus der frühen Verhaltensforschung 1930–1940
Herausgegeben von Otto Koenig.
334 Seiten. Serie Piper 975

Konrad Lorenz / Franz Kreuzer
Leben ist Lernen

Von Immanuel Kant zu Konrad Lorenz
Ein Gespräch über das Lebenswerk des Nobelpreisträgers.
103 Seiten mit 1 Abb. Serie Piper 223

Karl R. Popper / Konrad Lorenz
Die Zukunft ist offen

Das Altenberger Gespräch
Mit den Texten des Wiener Popper-Symposiums. Hrsg. von Franz Kreuzer
143 Seiten. Serie Piper 340

Piper 26/6c

PIPER

Irenäus Eibl-Eibesfeldt

Die Biologie des menschlichen Verhaltens
Grundriß der Humanethologie
998 Seiten mit rund 1000 Abb.
Leinen in Schuber

Galápagos
Die Arche Noah im Pazifik
413 Seiten mit 240 farbigen und
schwarzweißen Abb. Geb.

Grundriß der vergleichenden Verhaltensforschung – Ethologie
929 Seiten, 443 Abb., Bildfolgen und Grafiken und 12 farbige Tafeln.
Leinen in Schuber

Krieg und Frieden aus der Sicht der Verhaltensforschung
329 Seiten mit Abb. Serie Piper 329

Liebe und Haß
Zur Naturgeschichte elementarer Verhaltensweisen
293 Seiten. Serie Piper 113

Die Malediven
Paradies im Indischen Ozean
324 Seiten mit 190 meist farbigen Abb. Geb.

Der Mensch – das riskierte Wesen
Zur Naturgeschichte menschlicher Vernunft
272 Seiten mit 29 Abb. Leinen